# 雷州半岛滨海植物

林广旋　主编

中国林業出版社

**图书在版编目(CIP)数据**

雷州半岛滨海植物 / 林广旋主编. -- 北京 : 中国林业出版社, 2022.7
ISBN 978-7-5219-1542-6

Ⅰ. ①雷… Ⅱ. ①林… Ⅲ. ①雷州半岛—海滨—植物—介绍 Ⅳ. ①Q948.526.5

中国版本图书馆CIP数据核字(2022)第001842号

**策划编辑：** 肖静
**责任编辑：** 何游云　肖静

---

**出版**　中国林业出版社（100009　北京市西城区刘海胡同 7 号）
http://www.forestry.gov.cn/lycb.html　　电话：（010）83143574
**印刷**　河北京平诚乾印刷有限公司
**版次**　2022 年 7 月第 1 版
**印次**　2022 年 7 月第 1 次
**开本**　787mm × 1092mm　1/16
**印张**　18
**字数**　220 千字
**定价**　200.00 元

---

# 《雷州半岛滨海植物》编委会

主　任：许方宏

委　员：宋开义　张　苇

主　编：林广旋

副主编：吴晓东　许方宏　朱耀军

编　委：（按姓氏拼音排序）

曹学莲　陈　锋　陈菁菁　陈廷丰　陈粤超　陈忠圣　郭　欣

何　韬　林海湘　林明伟　刘　军　刘晓华　刘一鸣　莫红岩

庞丽婷　王　燕　熊　卉　余娜娜　曾晓雯

# 前言

PREFACE

雷州半岛地处中国大陆的最南端，地跨北热带和南亚热带两个气候带。其三面环海，海岸线长，沿线港湾密布、海岛众多，沿海滩涂广阔，生境类型多样，以红树植物为代表的滨海植物资源十分丰富（其中，红树林面积占全国的1/3），区系成分复杂，具有区位独特性和重要性。由于各种原因，过去人们对雷州半岛滨海植物的关注度不高，系统介绍的研究资料较少，且多零散不全。近年来，随着海岸生态修复、生态科普、自然教育等生态文明建设实践活动越来越受到重视，笔者决定利用在红树林自然保护区工作的有利条件，及多年实地调查、拍照并搜集、整理有关资料基础上，编集成《雷州半岛滨海植物》，以期为雷州半岛海岸带生态修复、科研、引种驯化、自然教育和植物爱好者提供资源信息，同时，也为今后植物资源高效发掘利用提供参考。

据有关资料，雷州半岛分布的野生植物约1900种，是极其宝贵的财富，是区域生态建设的重要基础性资源。自2012年，笔者就开始利用保护区野外资源巡查、社区宣教、科研调查等机会，对雷州半岛红树林湿地及其周边地区的植物资源进行调查，收集植物照片，制作植物标本，并进行分类鉴定。在此基础上，整理出雷州半岛常见滨海植物96科426种，以在植物原生地拍摄到的照片配以简要的文字说明编集成书。本书图文并茂，主要分为两部分内容：第一部分为总论，介绍雷州半岛自然地理和植物资源的分布特点，以期对雷州半岛植物资源有一个整体的概念；第二部分各论，为不同岸带上滨海植物的图文记述，包括形态特征、生境特点等内容。

为了更直观方便地查阅，根据植物的生境类型、耐盐程度等，自海向陆方向次序划分为潮间带（海水周期性浸淹区域）植物、潮上带（海水偶尔浸淹区域）植物和其他滨海植物3部分，重点介绍潮间带植物和潮上带植物。植物排序为：蕨类植物按秦仁昌（1978）系统、裸子植物按郑万钧（1978）系统、被子植物按哈钦松系统排列。

此书得到广东湛江红树林湿地生态系统国家定位观测研究站的支持；得到广东湛江红树林国家级自然保护区管理局的出版资助；得到中国林业出版社肖静、何游云两位编辑的大力支持，其对全书的结构调整提出重要建议，使本书内容更加精炼，特色更加突出；在野外拍摄照片、标本采集与鉴定、资料收集和整理过程中，得到华南植物园邢福武、厦门大学王文卿、广东三岭山国家森林公园管理处陈杰等老师的协助，在此一并表示深切的谢意！

雷州半岛海岸线长，岸带生境多样，深入调查难度大，其分布植物种类难以一一查清；为突出本书着重记述滨海植物的特色，部分植物未以图文形式进行展示，仅在名录中列出；另外，笔者认为自海向陆各种生境之间是连续和紧密联系的，故将滨海植物按自海向陆的三个分布区域归类整理，未按传统的红树、半红树和红树林伴生植物等的划分标准排列，存在人为主观性。鉴于知识所限，虽经反复鉴定、修改，不足和错误之处仍在所难免，敬请读者谅解并不吝批评指正。

作者

2021年8月8日

# 目录

CONTENTS

前　言

总　论

各　论

第一部分　潮间带植物

1. 卤蕨　/ 002
2. 尖叶卤蕨　/ 003
3. 南方碱蓬　/ 004
4. 印度肉苞海蓬　/ 005
5. 无瓣海桑　/ 006
6. 拉关木　/ 007
7. 榄李　/ 008
8. 木榄　/ 009
9. 角果木　/ 010
10. 秋茄树　/ 011
11. 红海榄　/ 012
12. 海漆　/ 013
13. 桐花树　/ 014
14. 球花肉冠藤　/ 015
15. 小花老鼠簕　/ 016
16. 老鼠簕　/ 017
17. 白骨壤　/ 018
18. 贝克喜盐草　/ 019
19. 喜盐草　/ 020
20. 短叶茳芏　/ 021
21. 水葱　/ 022
22. 三棱水葱　/ 023
23. 海三棱藨草　/ 024
24. 芦苇　/ 025
25. 互花米草　/ 026
26. 盐地鼠尾粟　/ 027

第二部分　潮上带植物

1. 青皮刺　/ 030
2. 牛眼睛　/ 031
3. 钝叶鱼木　/ 032
4. 白鼓钉　/ 033
5. 针晶粟草　/ 034
6. 长梗星粟草　/ 035
7. 海马齿　/ 036
8. 番杏　/ 037
9. 假海马齿　/ 038
10. 毛马齿苋　/ 039
11. 四瓣马齿苋　/ 040
12. 棱轴土人参　/ 041

13. 匍匐滨藜 / 042
14. 狭叶尖头叶藜 / 043
15. 喜旱莲子草 / 044
16. 银花苋 / 045
17. 海边月见草 / 046
18. 黄细心 / 047
19. 台琼海桐 / 048
20. 刺篱木 / 049
21. 箣柊 / 050
22. 仙人掌 / 051
23. 香蒲桃 / 052
24. 玉蕊 / 053
25. 榄形风车子 / 054
26. 榄仁树 / 055
27. 刺果藤 / 056
28. 银叶树 / 057
29. 蛇婆子 / 058
30. 陆地棉 / 059
31. 黄槿 / 060
32. 杨叶肖槿 / 061
33. 白桐树 / 062
34. 细齿大戟 / 063
35. 匍根大戟 / 064
36. 绿玉树 / 065
37. 艾堇 / 066
38. 白树 / 067
39. 银合欢 / 068
40. 刺果苏木 / 069
41. 华南云实 / 070
42. 小刀豆 / 071
43. 海刀豆 / 072
44. 弯枝黄檀 / 073
45. 鱼藤 / 074
46. 水黄皮 / 075
47. 滨豇豆 / 076
48. 木麻黄 / 077
49. 构棘 / 078
50. 变叶裸实 / 079
51. 山柑藤 / 080
52. 蛇藤 / 081
53. 马甲子 / 082
54. 鸦胆子 / 083
55. 车桑子 / 084
56. 厚皮树 / 085
57. 光叶柿 / 086
58. 铁线子 / 087
59. 长春花 / 088
60. 海杧果 / 089
61. 倒吊笔 / 090
62. 牛角瓜 / 091
63. 海岛藤 / 092
64. 墨苜蓿 / 093
65. 糙叶丰花草 / 094
66. 茵陈蒿 / 095
67. 剪刀股 / 096
68. 沙苦荬菜 / 097
69. 匐枝栓果菊 / 098
70. 卤地菊 / 099
71. 阔苞菊 / 100
72. 光梗阔苞菊 / 101
73. 蟛蜞菊 / 102
74. 南美蟛蜞菊 / 103
75. 李花菊 / 104
76. 补血草 / 105
77. 小草海桐 / 106
78. 草海桐 / 107
79. 宿苞厚壳树 / 108
80. 南方菟丝子 / 109
81. 假厚藤 / 110
82. 厚藤 / 111
83. 假马齿苋 / 112
84. 泥花草 / 113
85. 水蓑衣 / 114
86. 苦槛蓝 / 115
87. 苦郎树 / 116
88. 过江藤 / 117
89. 伞序臭黄荆 / 118
90. 单叶蔓荆 / 119
91. 蔓荆 / 120
92. 须叶藤 / 121
93. 水烛 / 122
94. 文殊兰 / 123
95. 椰子 / 124
96. 露兜树 / 125
97. 辐射穗砖子苗 / 126
98. 粗根茎莎草 / 127
99. 荸荠 / 128
100. 黑籽荸荠 / 129
101. 贝壳叶荸荠 / 130
102. 螺旋鳞荸荠 / 131
103. 黑果飘拂草 / 132
104. 细叶飘拂草 / 133
105. 绢毛飘拂草 / 134

106. 锈鳞飘拂草 / 135
107. 巴拉草 / 136
108. 孟仁草 / 137
109. 台湾虎尾草 / 138
110. 薏苡 / 139
111. 海雀稗 / 140
112. 卡开芦 / 141
113. 老鼠艻 / 142
114. 沟叶结缕草 / 143

## 第三部分 其他滨海植物

1. 曲轴海金沙 / 146
2. 海金沙 / 146
3. 小叶海金沙 / 146
4. 毛蕨 / 147
5. 水蕨 / 147
6. 肾蕨 / 147
7. 无根藤 / 148
8. 潺槁木姜子 / 148
9. 假鹰爪 / 148
10. 黄花草 / 149
11. 皱子白花菜 / 149
12. 北美独行菜 / 149
13. 落地生根 / 150
14. 无茎粟米草 / 150
15. 种棱粟米草 / 150
16. 马齿苋 / 151
17. 杠板归 / 151
18. 长刺酸模 / 151
19. 土荆芥 / 152
20. 土牛膝 / 152
21. 华莲子草 / 152
22. 刺花莲子草 / 153
23. 莲子草 / 153
24. 尾穗苋 / 153
25. 刺苋 / 154
26. 皱果苋 / 154
27. 青葙 / 154
28. 落葵 / 155
29. 落葵薯 / 155
30. 蒺藜 / 155
31. 酢浆草 / 156
32. 草龙 / 156
33. 毛草龙 / 156
34. 了哥王 / 157
35. 腺果藤 / 157
36. 龙珠果 / 157
37. 红瓜 / 158
38. 毒瓜 / 158
39. 风瓜 / 158
40. 茅瓜 / 159
41. 马㼎儿 / 159
42. 桃金娘 / 159
43. 野牡丹 / 160
44. 竹节树 / 160
45. 甜麻 / 160
46. 破布叶 / 161
47. 粗齿刺蒴麻 / 161
48. 刺蒴麻 / 161
49. 雁婆麻 / 162
50. 马松子 / 162
51. 磨盘草 / 162
52. 黄花棯 / 163
53. 桤叶黄花棯 / 163
54. 中华黄花棯 / 163
55. 长梗黄花棯 / 164
56. 心叶黄花棯 / 164
57. 白背黄花棯 / 164
58. 地桃花 / 165
59. 铁苋菜 / 165
60. 方叶五月茶 / 165
61. 黑面神 / 166
62. 土蜜树 / 166
63. 鸡骨香 / 166
64. 猩猩草 / 167
65. 白苞猩猩草 / 167
66. 飞扬草 / 167
67. 千根草 / 168
68. 白饭树 / 168
69. 香港算盘子 / 168
70. 麻风树 / 169
71. 棉叶珊瑚花 / 169
72. 白背叶 / 169
73. 白楸 / 170
74. 石岩枫 / 170
75. 地杨桃 / 170

76. 青灰叶下珠 / 171
77. 小果叶下珠 / 171
78. 蓖麻 / 171
79. 乌桕 / 172
80. 蛇泡筋 / 172
81. 茅莓 / 172
82. 大叶相思 / 173
83. 台湾相思 / 173
84. 海红豆 / 173
85. 阔荚合欢 / 174
86. 光荚含羞草 / 174
87. 巴西含羞草 / 174
88. 含羞草 / 175
89. 相思子 / 175
90. 合萌 / 175
91. 链荚豆 / 176
92. 蔓草虫豆 / 176
93. 铺地蝙蝠草 / 176
94. 狭叶猪屎豆 / 177
95. 猪屎豆 / 177
96. 吊裙草 / 177
97. 光萼猪屎豆 / 178
98. 球果猪屎豆 / 178
99. 补骨脂 / 178
100. 圆叶野扁豆 / 179
101. 鸽仔豆 / 179
102. 假地豆 / 179
103. 异叶山蚂蝗 / 180
104. 赤山蚂蝗 / 180
105. 三点金 / 180
106. 疏花木蓝 / 181
107. 硬毛木蓝 / 181
108. 单叶木蓝 / 181
109. 九叶木蓝 / 182
110. 野青树 / 182
111. 扁豆 / 182
112. 紫花大翼豆 / 183
113. 大翼豆 / 183
114. 葛麻姆 / 183
115. 三裂叶野葛 / 184
116. 小鹿藿 / 184
117. 落地豆 / 184
118. 翅荚决明 / 185
119. 望江南 / 185
120. 田菁 / 185
121. 圭亚那笔花豆 / 186
122. 矮灰毛豆 / 186
123. 灰毛豆 / 186
124. 丁癸草 / 187
125. 朴树 / 187
126. 假玉桂 / 187
127. 构树 / 188
128. 垂叶榕 / 188
129. 薜荔 / 188
130. 笔管榕 / 189
131. 斜叶榕 / 189
132. 鹊肾树 / 189
133. 雾水葛 / 190
134. 铁冬青 / 190
135. 五层龙 / 190
136. 小果微花藤 / 191
137. 铁包金 / 191
138. 雀梅藤 / 191
139. 厚叶崖爬藤 / 192
140. 酒饼簕 / 192
141. 假黄皮 / 192
142. 大管 / 193
143. 翼叶九里香 / 193
144. 小叶九里香 / 193
145. 拟蚬壳花椒 / 194
146. 楝 / 194
147. 滨木患 / 194
148. 倒地铃 / 195
149. 鹅掌柴 / 195
150. 打铁树 / 195
151. 珠仔树 / 196
152. 牛眼马钱 / 196
153. 扭肚藤 / 196
154. 青藤仔 / 197
155. 白皮素馨 / 197
156. 羊角拗 / 197
157. 马兰藤 / 198
158. 南山藤 / 198
159. 匙羹藤 / 198
160. 鲫鱼藤 / 199
161. 弓果藤 / 199
162. 蓝花耳草 / 199
163. 细叶亚婆潮 / 200
164. 伞房花耳草 / 200
165. 白花蛇舌草 / 200
166. 牛白藤 / 201
167. 盖裂果 / 201
168. 鸡眼藤 / 201

169. 鸡矢藤 / 202
170. 阔叶丰花草 / 202
171. 光叶丰花草 / 202
172. 胜红蓟 / 203
173. 豚草 / 203
174. 五月艾 / 203
175. 鬼针草 / 204
176. 飞机草 / 204
177. 地胆草 / 204
178. 一点红 / 205
179. 梁子菜 / 205
180. 香丝草 / 205
181. 小蓬草 / 206
182. 苏门白酒草 / 206
183. 翅果菊 / 206
184. 微甘菊 / 207
185. 假臭草 / 207
186. 肿柄菊 / 207
187. 羽芒菊 / 208
188. 夜香牛 / 208
189. 白花丹 / 208
190. 大尾摇 / 209
191. 细叶天芥菜 / 209
192. 洋金花 / 209
193. 苦蘵 / 210
194. 少花龙葵 / 210
195. 海南茄 / 210
196. 水茄 / 211
197. 野茄 / 211
198. 掌叶鱼黄草 / 211
199. 土丁桂 / 212
200. 猪菜藤 / 212
201. 蕹菜 / 212
202. 五爪金龙 / 213
203. 小心叶薯 / 213
204. 虎掌藤 / 213
205. 圆叶牵牛 / 214
206. 三裂叶薯 / 214
207. 小牵牛 / 214
208. 篱栏网 / 215
209. 茑萝松 / 215
210. 地旋花 / 215
211. 田玄参 / 216
212. 直立石龙尾 / 216
213. 母草 / 216
214. 细叶母草 / 217
215. 野甘草 / 217
216. 假杜鹃 / 217
217. 山牵牛 / 218
218. 大青 / 218
219. 马缨丹 / 218
220. 假马鞭 / 219
221. 绉面草 / 219
222. 竹节菜 / 219
223. 狭叶水竹叶 / 220
224. 裸花水竹叶 / 220
225. 硬叶葱草 / 220
226. 凤梨 / 221
227. 海南山姜 / 221
228. 天门冬 / 221
229. 凤眼蓝 / 222
230. 黄独 / 222
231. 龙舌兰 / 222
232. 剑麻 / 223
233. 刺葵 / 223
234. 美冠兰 / 223
235. 绶草 / 224
236. 球柱草 / 224
237. 毛鳞球柱草 / 224
238. 扁穗莎草 / 225
239. 异型莎草 / 225
240. 畦畔莎草 / 225
241. 碎米莎草 / 226
242. 断节莎 / 226
243. 毛轴莎草 / 226
244. 香附子 / 227
245. 苏里南莎草 / 227
246. 毛芙兰草 / 227
247. 短叶水蜈蚣 / 228
248. 多枝扁莎 / 228
249. 三俭草 / 228
250. 簕竹 / 229
251. 水蔗草 / 229
252. 地毯草 / 229
253. 臭根子草 / 230
254. 四生臂形草 / 230
255. 蒺藜草 / 230
256. 竹节草 / 231
257. 狗牙根 / 231
258. 龙爪茅 / 231
259. 升马唐 / 232
260. 光头稗 / 232
261. 稗 / 232

262. 牛筋草 / 233
263. 鼠妇草 / 233
264. 长画眉草 / 233
265. 鲫鱼草 / 234
266. 假俭草 / 234
267. 高野黍 / 234
268. 黄茅 / 235
269. 膜稃草 / 235
270. 大白茅 / 235
271. 李氏禾 / 236
272. 红毛草 / 236
273. 五节芒 / 236
274. 类芦 / 237
275. 大黍 / 237
276. 铺地黍 / 237
277. 两耳草 / 238
278. 圆果雀稗 / 238
279. 狼尾草 / 238
280. 牧地狼尾草 / 239
281. 茅根 / 239
282. 筒轴茅 / 239
283. 斑茅 / 240
284. 甜根子草 / 240
285. 囊颖草 / 241
286. 鼠尾粟 / 241

参考文献 / 242
附录 / 243
中文名称索引 / 257
拉丁学名索引 / 262

# 总论

pandect

## 1.基本情况

雷州半岛位于中国大陆最南端，广东省西南部，与其所属的湛江市管辖区域一致。半岛长约180千米，宽45～80千米，三面环海：东临南海，西接北部湾，南与海南岛隔琼州海峡相望，北与广西接壤，近海有东海岛、硇洲岛、特呈岛、南三岛等岛屿。半岛海岸线漫长、曲折，港湾众多，有着多样的海岸生境，在得天独厚的北热带和南亚热带季风气候影响下，形成独特的以红树林为代表的滨海植物群落，海岸植物资源丰富。

### 1.1 土地利用情况

2020年，雷州半岛土地总面积132.63万公顷，其中，国有土地39.26万公顷，集体土地93.37万公顷。土地利用情况：耕地（不含可调整地类）46.60万公顷，园地14.76万公顷，林地29.74万公顷，草地1.13万公顷，城镇村及工矿用地15.33万公顷，交通运输用地3.14万公顷，水域及水利设施用地20.81万公顷，其他用地1.12万公顷。海域总面积200万公顷，海洋滩涂面积48.9万公顷，海岛面积5.86万公顷。2019年森林覆盖率为23.45%，活立木蓄积量1678.41万立方米。

### 1.2 植被资源概况

根据野外调查和查阅《广东植物志》等有关资料，统计出雷州半岛植物区系有维管束植物223科1976种，其中，乡土植物1570种，外来植物406种。植物区系性质属于热带亚热带过渡性质，以热带性区系成分为主。

#### 1.2.1 陆地植被资源

森林是野生植物生存与发展的根基。新中国成立初期，雷州半岛森林、灌丛和草原植被面积较大，植物资源丰富。森林植被主要有：徐闻县东南一块50万亩[①]和雷州（海康）北和一片2万亩的森林，半岛广大农村周围也保留有风水林；灌丛植被则分布在半岛东南部；草地植被主要分布于遂溪及雷州（海康）北部；开放海岸则有沙荒植被。而自19世纪50年代初开始，大面积地开垦土地，人工种植橡胶、剑麻、桉树、甘蔗、菠萝等，原有的大面积森林、灌丛和草原变成了现在的商品林和农用地。

雷州半岛天然林主要树种有52科76种，主要有樟科、番荔枝科、桃金娘科、桑科、红树科、无患子科、柿树科、楝科、大戟科、壳斗科等。比较名贵的树种有铁冬青、铁线子、胭脂、山楝、樟、楝、土沉香、红锥、格木、箭毒木等。雷州半岛现有的森林植被以人工林（商品林）为主。人工林在生长迅速、提供更多更好林产品的同时，也存在地表植被差、土壤肥力日益匮乏、生态脆弱和植物多样性少等缺点。

### 1.2.2　红树林资源

新中国成立初期，雷州半岛沿海广泛分布有红树林，且多呈乔木状。据1956年《湛江地区亚热带资源开发利用规划方案》记载，20世纪50年代，湛江市保存有红树林面积1.4万公顷，林分生长茂密，质量和生态功能都较好，最高的群丛可达8米，最大直径45厘米。1958年后，红树林资源逐渐遭到破坏。据统计，1958—1985年，沿海各县（市）对红树林进行了不同程度的砍伐，围海造田、围塘养殖、采薪等活动，致使红树林面积不断缩小，红树林群落逐渐趋向简单。根据1985年的资源调查，全市红树林面积7186.3公顷，比1956年减少6837.7公顷，减少率为48.8%。1985年，湛江市开始“两水一牧”（即水产、水果和畜牧业）农业战略，为发展水产养殖业，部分沿海红树林被围垦，红树林面积更是锐减，最少时只有5800公顷。

自1990年广东省政府批准建立湛江红树林省级自然保护区以来，雷州半岛沿海红树林恢复得到各级政府的重视，多举措保护和修复红树林湿地，加大投入进行人工造林，红树林资源逐渐得到恢复。至2017年6月，湛江市红树林面积已恢复到9738.8公顷。

根据主要红树植物调查结果，雷州半岛红树林与亚洲东南部其他地区类似，同属于东方类群。雷州半岛红树植物大多为嗜热广布种，区系性质属亚热带性质，其泛热带区系性质由雷州半岛往北而减弱。雷州半岛的红树林植物种类有15科24种，是我国大陆海岸红树林种类最多的地区。分布最广、数量最多的红树林树种为白骨壤、桐花树、红海榄、秋茄、木榄和无瓣海桑，由此形成了多个单优势种和共优种群落，主要植物群落有白骨壤、桐花树、秋茄、红海榄、木榄群丛和白骨壤+桐花树、桐花树+秋茄、桐花树+红海榄、白骨壤+红海榄、无瓣海桑-白骨壤等群丛。现有的雷州半岛红

---

①1亩＝1/15公顷。以下同。

树林呈离散型分布，分布不连续，通常位于海湾及河流出海处，以片段形态出现。红树林群落外貌简单，多为灌木林或小乔木林。因林分低矮，植物群落没有出现分层或分层不明显，有些林木的冠幅大于树高。

## 1.3 社会经济概况

### 1.3.1 行政区域

雷州半岛与其所属的湛江市的管辖区域一致，下辖4个市辖区3个县级市2个县，即赤坎区、霞山区、坡头区、麻章区、雷州市、廉江市、吴川市、遂溪县、徐闻县，共84个乡镇37个街道307个居委会1636个行政村。其中，靠海岸线的沿海乡镇（街道）57个。

### 1.3.2 人口数量与民族组成

2020年第七次全国人口普查统计资料显示，湛江市常住人口698.13万人，人口密度528人/平方千米，其中，居住在城镇的人口为317.35万人，占45.46%；居住在乡村的人口为380.78万人，占54.54%。居民绝大多数为汉族（约占99.5%），少数民族只是散居于各地。

### 1.3.3 地方经济

据《湛江市2020年国民经济和社会发展统计公报》，湛江市2020年实现地区生产总值3100.22亿元，三次产业结构为20.1∶33.9∶46.0。全市地方一般公共预算收入137.78亿元，比上年增长5.0%，其中，税收收入87.74亿元。全年一般公共预算支出539.23亿元。全年全市居民人均可支配收入24986元。按常住地分，城镇常住居民人均年可支配收入32926元，农村常住居民人均年可支配收入18758元；城镇常住居民人均年消费支出21007元，农村常住居民人均年消费支出13071元。

湛江是农业大市，农业产品的种植面积、产量和农业产值都在广东省位居前列。2020年，全市粮食作物播种面积415.88万亩，产量148.39万吨；糖蔗种植面积187.11万亩，产量1070.69万吨；蔬菜种植面积230.76万亩，产量416.30万吨；园林水果总产量298.04万吨；肉类总产量37.58万吨。

湛江近年工业发展迅速。2020年，全部工业增加值比上年增长4.0%。规模以上工业增加值增长5.4%，其中，国有及国有控股企业增长27.4%，外商及港澳台投资企业增长28.8%，重工业增长18.5%。全员劳动生产率60.50万元/人年,比上年提高6.1%。实现利润总额186.24亿元。全年建筑业增加值213.09亿元，比上年增长2.1%。

第三产业中，全年接待旅游总人数1058.39万人次，规模以上服务业企业实现年营业收入215.95亿元。

# 2.自然地理环境

## 2.1 地形地貌

雷州半岛地势平缓，陆地大部分由半岛和岛屿组成，多为海拔100米以下的台地，平原占66.0%，丘陵占30.6%，山区占3.4%。北部为低丘陵区，间有200米以上山地；螺岗岭以南为地势平缓区；东西部皆为台地。沿海区域则以河流冲积形成的滨海平原为主，部分为滨海台地，地势平缓，平均海拔在3米以下，区内河流、水渠纵横交错。

## 2.2 水文

雷州半岛全年水资源总量70.71亿立方米。半岛中央脊梁较高，两侧较低，大小河流分别流向东西海岸入海，主要河流有东岸的鉴江、良垌河、西溪河、城月河、南渡河、通明河、调风河、那板河和西岸的高桥河、九洲江、杨柑河、乐民河、英利河、迈陈河等。其中，集雨面积1000平方千米以上的河流有九洲江、鉴江和南渡河。这些河流在出海口处形成的冲积海滩往往成为以红树林为主的滨海植物集中分布区。

## 2.3 海岸线

雷州半岛海岸线曲折，港湾众多，海岸线长约1918.2千米，其中，陆地岸线长1243.7千米，占全省海岸线长度的30.2%，海岛岸线长779.9千米。东部为台地溺谷型海岸，南部为火山台地海岸，西部为海成阶地和台地溺谷型海岸。全境有大小港湾107处，主要有湛江港、雷州湾、流沙港、乌石港、安铺港等。岛屿134个，其中，半岛之东近岸海域中有30多个岛屿，较大的岛屿有东海岛、南三岛、硇洲岛、新寮岛、特呈岛等。数量众多的岛屿使得海岸线延长，增加了港湾的数量，为海岸植物创造了适宜的生境。

## 2.4 气候

雷州半岛地跨两个气候带——北热带和南亚热带，属北热带和南亚热带季风气候区。受季风气候影响强烈，气温高，年平均最高气温28℃，年平均最低温度13～16℃，绝对最高温38℃，绝对最低温-4～0℃，年较差为12～15℃。10℃年积温高于8000℃，最冷月平均气温高于15℃，多年平均最低气温高于11℃，全年无冬季，光照强，年平均太阳总辐射4500～5600兆焦/平方米，年平均降雨量1100～1800毫米，集中在雨季（7～9月），区域分布不均，东部多西部少，北部多南部少。

雷州半岛受雷雨、台风等灾害性天气的频繁影响。据资料记载，雷州半岛地区常有4～6级大风，每年有5次以上8～12级台风、强台风登陆，台风带来暴雨和海浪冲击海岸，对滨海植物的生长和繁衍有很大的影响，因而在海湾内部区域的植被相对茂盛，红树林等分布较多，如雷州湾内的通明海；而外部开放的海滩肥力较差，风浪冲击大，植被相对稀少，红树林也很少见。

**2.5 土壤**

雷州半岛既有热带土壤基本类型，也有滨海地带土壤分布，共有赤红壤、砖红壤、滨海沙土、滨海盐渍沼泽土、滨海盐土、潮沙泥土、沼泽土、火山灰土、菜园土、水稻土等10个土类，以红壤居多，湛江因此有“红土地”之称。半岛南部包括徐闻全县和雷州市南部以及遂溪北部的成土母质为玄武岩。雷州市北部和遂溪南部以及半岛东部各岛的成土母质为浅海沉积物。玄武岩形成黏性较重的砖红壤，浅海沉积物风化形成沙壤质砖红壤。

## 3.植物多样性

雷州半岛（含海岛）1900多千米的海岸线上，自海向陆分布着多样的植被生境，包括浅海、潮间带开放的砂石海滩和内湾淤泥海滩、岩石性海岸、红树林沼泽、河口盐沼、海堤、养殖塘、近海围田、荒地和村庄等。

在雷州半岛沿海自潮间带至最高潮位线往陆地方向500米的范围内，记录到植物7纲140科731种（不包括部分人工种植农作物如水稻、木薯、香葱等）。

**3.1 潮间带植物**

潮间带指平均大潮高潮线到平均大潮低潮线之间的区域。潮间带受海水的周期性浸淹，共记录到高等植物30种，包括海草4种、红树植物和其他盐沼植物26种。

潮间带红树林

海草：贝克喜盐草、喜盐草、矮大叶藻、二药藻（据有关资料记录，雷州半岛沿海可能还有海神草、羽叶二药藻、针叶藻等分布）。其中，贝克喜盐草分布最广，自西岸最北的高桥到南部的流沙港、东岸的鉴江口到新寮岛海岸均有分布；喜盐草在徐闻和安、西连有分布，分布区域常伴有贝克喜盐草；矮大叶藻和二药藻分布于硇洲岛、流沙湾等，较少见。红树植物（包括真红树、半红树植物和红树伴生植物）和其他盐沼植物26种：卤蕨、尖叶卤蕨、印度肉苞海蓬、南方碱蓬、无瓣海桑、榄李、拉关木、木榄、角果木、秋茄、红海榄、木果楝、紫条木、球花肉冠藤、海漆、桐花、老鼠簕、小花老鼠簕、白骨壤、水葱、三棱水葱、海三棱藨草、短叶茳芏、互花米草、芦苇、盐地鼠尾粟。

### 3.2 潮上带植物

潮上带为平均大潮高潮线向陆地延伸到特大高潮影响的区域，在潮间带上缘（包括高潮滩上缘区域、海堤基、河流入海口咸淡水交汇的盐沼地等），受海水偶尔浸淹（如波浪冲击、天文大潮浸淹等）。共记录潮上带植物117种，包括半红树植物、红树林伴生植物和其他滨海耐盐植物，如华南云实、刺果苏木、小刀豆、海刀豆、弯枝黄檀、水黄皮、鱼藤、木麻黄、海岛藤、李花蟛蜞菊、阔苞菊、光梗阔苞菊、草海桐、小草海桐等。

潮上带以半红树植物为主

### 3.3 其他滨海植物

在最高潮位线往陆地方向延伸500米范围内，除潮上带植物外，另记录到其他滨海植物584种，如小叶海金沙、潺槁树、无根藤、龙珠果、风瓜、竹节树、心叶黄花棯、小叶九里香、青藤子、球柱草、甜根子草等。

其他滨海植物

潮间带指大潮时海水涨到最高位置
至潮水退到最低位置之间的区域。
本部分详细记录**26**种滨海植物。

第一部分 01

# 潮间带植物

# 1. 卤蕨

*Acrostichum aureum* L.

卤蕨科Acrostichaceae　卤蕨属

【别名】海边蕨、黄金耳

草本。根状茎直立，顶端密被褐棕色的阔披针形鳞片。叶簇生，厚革质，奇数一回羽状；羽片多数，基部一对对生，中部的互生，长舌状披针形，顶端圆而有小突尖，或凹缺；叶柄被披针形鳞片；孢子囊满布于能育羽片背面，无盖。

【分布】雷州半岛沿海各地。常见。

【生境】高潮带，多见于海水偶有浸淹的海边灌丛、沟渠边、河口两岸冲积滩、海堤、荒废围田等。

高桥红寨围荒废围田上，卤蕨与海雀稗等生长在一起

植株

孢子囊满布能育羽片背面

常单独形成群落

良垌河岸边，卤蕨与老鼠簕等混生

# 2.尖叶卤蕨

*Acrostichum speciosum* Willd.

卤蕨科Acrostichaceae　卤蕨属

【别名】小海蕨

草本。根状茎直立。叶簇生，叶片奇数一回羽状；中部以下的不育羽片阔披针形，两侧并行，顶部略窄而短渐尖，中部以上的能育羽片顶部稍急尖，短尾状，无柄。孢子囊无盖，孢子四面型，孢子成熟期10～12月。

本种与卤蕨的主要区别在于：植株较柔弱；叶片较软薄而顶部稍急尖或呈短尾状。

【分布】廉江。极少见。

【生境】高潮带，喜海边灌丛、河口堤坝下潮湿之地。较卤蕨耐阴。

喜生于高大树林下，较耐阴

位于顶部的能育羽片卷缩

植株

# 3.南方碱蓬

*Suaeda australis* (R. Br.) Moq.

藜科Chenopodiaceae　碱蓬属

【别名】海盐草

多年生草本或亚灌木。全株无毛。茎多分枝。肉质叶无柄；嫩叶绿白色，老时紫红色或黄色，线形或线状半圆柱形，基部有关节，叶痕明显。花单生或聚生成团伞状花序，腋生，无总花梗；紫绿色花被5裂；直立柱头锥状。圆形胞果偏扁。花果期4～11月。

本种与盐地碱蓬*Suaeda Salsa* (L.) Pall.的主要区别在于：植株较低矮；叶较宽厚且基部具关节。

【分布】雷州半岛各地。常见。

【生境】喜生海边沙地、海边围田、河口堤坝、潮间高潮带等。

常在河口冲积滩、海边湿地上形成优势群落

花果枝：腋生花单生或聚生成团伞状花序

秋冬季节，南方碱蓬植株变成红色

在麻章太平、雷州东里等处，一些碱蓬植株高大、叶子细长，花序枝直长，疑是盐地碱蓬，需要进一步鉴定

# 4.印度肉苞海蓬

*Tecticornia indica* (Willd.) K. A. Sheph. et Paul G. Wilson

苋科Amaranthaceae　澳海蓬属

【别名】节藜、盐角草

多年生盐生草本。靠枝进行光合作用。具节，下部木质，多分枝。叶交互对生，每对合生成肉质管状鞘紧包在节间，顶部扩展成2浅裂的杯状物，环抱上一管状鞘基部。穗状花序顶生。胞果坚硬而扁。花果期5～8月。

【分布】东海（南屏岛）、雷州（企水）。较少见。

【生境】喜生海边沙地、潮间带高潮滩，常与南方碱蓬、盐地鼠尾粟混生，也见于白骨壤、桐花树疏林下。

多见于潮汐能到达的沙质滩涂

与南方碱蓬混生

常与南方碱蓬、盐地鼠尾粟等混生

东海（南屏岛）红树林边缘的印度肉苞海蓬

花果期：5～8月

# 5.无瓣海桑

*Sonneratia apetala* Buchanan-Hamilton

海桑科Sonneratiaceae　海桑属

【别名】海桑

乔木。圆柱形主干通直；树皮红褐色或灰褐色。具笋状或指状呼吸根。革质叶对生，长椭圆形。总状花序；花无瓣；花丝白色。浆果近球形。花果期5～9月。

【分布】原产孟加拉国，雷州半岛引种，有逸为野生。雷州（附城）、廉江（营仔河口、九洲江口）、遂溪（北潭）、徐闻（和安）、东海岛等有人工造林。

【生境】喜生河口冲积滩、河流两边滩涂、荒弃虾池、排水沟渠边等。

喜欢河口咸淡水交汇的生长环境

东海大桥旁滩涂上的无瓣海桑：其他红树植物不能生长的前沿滩涂，无瓣海桑可以长得很好

圆圆的果实挂满枝头

花粉会吸引小蜜蜂

发达的指状气根

无瓣海桑是贫瘠海滩涂造林的优良树种，但也可能带来生态问题。高大的无瓣海桑成为鱼藤攀爬的篱笆，使鱼藤得以大量开花结实

# 6.拉关木

*Laguncularia racemosa* C. F. Gaertn.

使君子科Combretaceae　对叶榄李属

【别名】对叶榄李、拉贡木

乔木。茎、枝棕灰色或偏红。脚趾状呼吸根（支柱根）发达，辐射状向四周延伸。对生叶椭圆形，稍肉质，大小随生境变化大；黄绿色叶脉不明显。总状花序腋生；双性花钟状，白色。隐胎生果卵形或倒卵形，果熟时黄色至红棕色，具纵棱。花期4～5月为主，果实大熟期为8～9月。

【分布】原产西非和美洲东西海岸。雷州附城韶山村一带有2006年人工种植的拉关木，面积约20亩，生长较好；雷州南渡河口、徐闻西连水尾村、廉江营仔河口等处少量种植；有逸为野生。区域常见。

【生境】喜生海边滩涂高潮带、河口等。较无瓣海桑耐盐。

脚趾状的气根发达

雷州附城草洋村，拉关木与无瓣海桑块状混交种植

果：每年的8 9月是盛果期

花：每年的5月是盛花期

廉江营仔河口，拉关木沿着河堤种植，生长很好，其周边发现有长势旺盛的逸生苗，存在生态入侵的可能

# 7.榄李

*Lumnitzera racemosa* Willd.

使君子科Combretaceae　榄李属

【别名】海疱树

灌木至小乔木。树皮粗糙。枝紫红。互生叶近圆形或匙状倒卵形。腋生总状花序；花萼筒状5裂；花瓣5。果纺锤形，顶端具宿存萼齿。花果期11月至翌年9月。

【分布】雷州（九龙山、企水港、海康港）、徐闻（西连、角尾）、廉江（龙营围）等。雷州半岛南部常见。

【生境】海边高潮带、潮湿沙地、河口堤坝、盐田边、虾池基等。常与卤蕨、桐花树等混生。

徐闻角尾盐田边成片的榄李纯林

雷州企水海角村高潮带红树林，榄李与木榄、桐花、白骨壤混生在一起

徐闻迈陈北街村生长在海堤边上的榄李

花：每年的1月和6月是榄李的盛花期

果：每年的2月和7月是榄李的盛果期

# 8.木榄

*Bruguiera gymnorhiza* (L.) Savigny

红树科Rhizophoraceae　木榄属

【别名】红榄、红树

胎生，小乔木。树皮灰黑色，多开裂。叶椭圆状长圆形，对生，极少3叶轮生，叶顶短渐尖。花单生叶腋，常呈一对，花萼管平滑，红色，裂片10～15；胚轴长8～20厘米，平滑无棱。花期全年，果期以3～5月为主，11～12月有少量果熟。

【分布】廉江（高桥红寨）、遂溪（北潭金围、鸡笼山、杨柑河口）、特呈岛等。雷州半岛较常见。高桥红寨的一片以木榄为优势种的红树林面积达120公顷，是我国木榄的主要分布区之一。

【生境】多见于高潮带滩涂。

在淤泥深厚、郁闭度大的环境，树干基部常有往下生长的气根
膝状根：高大成熟的木榄群落下较空旷，膝状根形成“根林”
果期以3～5月为主
花：木榄花大而艳红，富具花粉和蜜，是蜜源树种
四季开花结果
生长高大的木榄有“鹤立鸡群”的感觉
廉江高桥红树林是我国木榄的主要分布地之一
花果有白化现象
常与桐花树、秋茄等混生

# 9.角果木

*Ceriops tagal* (Perr.) C. B. Rob.

红树科Rhizophoraceae　角果木属

【别名】海淀子、海枷子

胎生，灌木至小乔木。树皮灰褐色，光滑或具细纹。叶交互对生，密集生于小枝顶部，倒卵形至倒卵状长圆形，叶顶微凹或圆。聚伞花序腋生；花萼裂片细小，5～6深裂，与花瓣同数；花瓣白色，顶端有2～3棒状附属物；胚轴瘦长，倒卵状披针形，具棱。花期11月至翌年3月，果期5～7月。

【分布】徐闻县西岸的西连（迈陈）沿海是现已发现的我国大陆角果木唯一的天然分布地，面积约3亩。

【生境】喜生于风浪较小的内港湾、淤泥较深厚的中高潮潮间带，耐盐。

徐闻迈陈角果木与桐花、木榄、白骨壤等混生

植株

6~7月果熟

冬春季开花

膝状气根旁的幼苗生长较好

# 10.秋茄树

*Kandelia obovata* Sheue et al.

红树科Rhizophoraceae　秋茄属

【别名】水笔仔、茄仔榄

胎生，灌木至小乔木。树皮红褐色。叶倒卵形至倒卵状长圆形，全缘。二歧聚伞花序腋生；花两性；花萼5深裂，五星状；花瓣白色；胚轴瘦长，倒卵状披针形。花5～6月，果熟期翌年2～5月。

【分布】本区的红树林优势树种之一，主要分布于雷州（九龙山）、麻章（太平）、廉江（高桥、鸡笼山）、遂溪（杨柑河口）等。雷州半岛较常见。

【生境】喜生河口、中高潮间带淤泥较深厚的潮沟边等。

高桥德耀低潮带潮沟边的秋茄树：喜欢生长在河口或红树林潮沟边

发达的板状根

雷州附城海角村秋茄树人工林：秋茄树是中潮带和河口造林的好树种

遂溪杨柑河口秋茄树林：长在河口淡水丰富滩涂上的秋茄树较高大

花期以每年的6月为主

廉江高桥德耀与桐花、白骨壤等混生的秋茄树：长在远离河口、海水盐度较高滩涂上的秋茄树较低矮婆娑

果期集中在翌年的3、4月

# 11.红海榄

*Rhizophora stylosa* Griff.

红树科Rhizophoraceae　红树属

【别名】鸡爪榄、红海兰

胎生，小乔木。枝灰褐色。支柱根发达。对生叶椭圆形至长椭圆形，叶背密布棕褐色腺点，叶顶芒尖。腋生聚伞花序；花具梗；花萼淡黄色；花瓣白色。花期几全年，果期6～8月。

【分布】雷州（企水）、廉江（高桥）、遂溪（北潭）、徐闻（三墩）、东海岛（民安）等。区域常见。

【生境】喜生于淤泥深厚的中低潮带、鱼围内等。

东海西湾涨潮时的红海榄林

廉江高桥凤地村高大的红海榄林

东海西湾鱼围内的红海榄：密密匝匝的红海榄林具有很强的抗风消浪能力

花

胎生胚轴

发达的支柱根（气根）

# 12.海漆

*Excoecaria agallocha* L.

大戟科Euphorbiaceae　海漆属

【别名】海沉香、海漆木

灌木至小乔木。全株具乳汁。枝条具皮孔。叶互生，深绿色，夏天落叶。雌雄异株，或罕见同株；雄花序穗状；雌花序总状，具花10朵以上。蒴果球形。雷州半岛每年花果期2次：4～6月一次和7～9月一次。花期常伴随着叶子变黄或变红后落叶。

【分布】雷州半岛沿海各地。常见。

【生境】喜生长于海水偶有浸淹的高潮滩、海堤、围田基和河口冲积滩等。耐盐。海岸优良的防浪固堤树种。

植株

雄花序

具发达的根系，是很好的防浪固土植物

雌花

果期以6月为主，7至9月为次

海漆夏天落叶，黄澄澄或通红美艳，是很好的赏叶景观植物。但乳汁有毒性，可引起皮肤红肿、发炎；入眼可引起失明

# 13.桐花树

*Aegiceras corniculatum* (L.) Blanco

紫金牛科Myrsinaceae　蜡烛果属

【别名】蜡烛果、黑榄、浪柴

多呈灌木状，极少小乔木状。革质叶倒卵状或椭圆状，先端圆或微凹，叶面常分泌盐分。伞形花序柄极短或无柄；花白色；花梗长1厘米。果呈弯曲圆柱形，宿存花萼紧包果基，顶端渐尖为长芽一端。花期3～5月，果期6～9月。

【分布】廉江（高桥）、遂溪（北潭）、雷州（九龙山）、麻章（湖光）、东海岛等为其主要分布区域。常见。为雷州半岛红树林的优势树种之一，造陆先锋树种，分布面积仅次于白骨壤。

【生境】喜生河口潮间带，适应性强，自海水偶有浸淹的高潮带至红树林分布的最前缘均有分布。

高桥高潮带桐花树群落：桐花树常独自成大面积的纯林，或与木榄、秋茄、白骨壤等混生

在淤泥深厚的前缘滩涂，桐花树具有生长优势，能压制互花米草的扩散

蒴果圆柱形，成熟后弯曲如初月；隐胎生

花富含花粉和蜜，是重要的蜜源树种，其花蜜被称为“桐花蜜”

桐花树常见于低潮带红树林的最前缘

花组成伞形花序

8月前后，桐花树果实大量成熟，形如弯弯的小辣椒挂满枝头

枝干丛生的桐花树根系发达

# 14.球花肉冠藤

*Sarcolobus globosus* Wall.

夹竹桃科Apocynaceae　肉冠藤属

【别名】球形肉壳藤

多年生攀缘或缠绕藤本。茎灰褐色。叶厚纸质或偏肉质，椭圆状长圆形、倒卵状披针形等，多急尖，稀渐尖，基部圆；侧脉3～4对，叶背网状脉明显。聚伞花序腋生；花序梗长2～3厘米，较花梗长；花淡黄色至橙黄色；花瓣裂片卵圆形至长椭圆形，长约0.5～1厘米，具褐色豹状条纹；副花冠环状贴生于合蕊冠上，5裂，裂片半圆形。花期6～8月。

【分布】遂溪（黄略）、廉江（良垌）等。少见。中国新分布种，2020年6月首次在雷州半岛记录。

【生境】潮间带红树林区。攀缘或缠绕在海漆、苦郎树、卤蕨等上面。

攀缘在海漆上的球花肉冠藤

花期6～8月

攀缘在黄槿树上

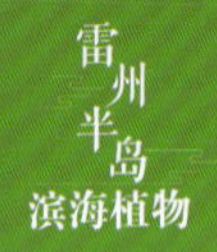


# 15.小花老鼠簕

*Acanthus ebracteatus* Vahl

爵床科Acanthaceae　老鼠簕属

【别名】海簕根、黄鱼簕

直立灌木。对生叶革质，长圆形，顶端平截或圆凸，羽状裂片顶端具刺，边缘3～4不规则羽状浅裂；主侧脉粗壮，主脉在下面凸起，侧脉每侧3～4条；托叶刺状。穗状花序顶生，花密集；苞片卵形，小苞片无或退化；花萼裂片4；花冠纯白色（偶有浅蓝色），长2.5厘米，花冠筒长2～3厘米，上唇退化，下唇长圆形，裂缝两侧各有1列髯毛；雄蕊4。蒴果长圆形，长2～3厘米。花果期几全年，以10月至翌年5月为主。

【分布】九洲江口有成片分布，良垌鸡笼山有零星分布。不常见。

【生境】多生长于河口冲积带、盐度较低的潮间带。常成小片纯林，较老鼠簕生长茂密。

植株

常独自密集成小片纯林

花枝：花冠多为纯白色；花期较老鼠簕长

叶子顶端平截或圆凸，其叶色较老鼠簕深绿

# 16.老鼠簕

*Acanthus ilicifolius* L.

爵床科Acanthaceae　老鼠簕属

【别名】海簕根

直立灌木。对生叶革质，长圆形，长5～12厘米，宽2～4厘米，顶端急尖，羽状裂至波状裂片顶端具刺。穗状花序顶生；花密集；苞片阔卵形；花萼裂片4；花冠白色或带淡紫色，长3～4厘米；雄蕊4。蒴果长圆形，长约2～3厘米。花果期4～10月。

【分布】廉江（鸡笼山、高桥河口、九洲江口）、麻章（通明河口）、雷州（南渡河口）等。常见。

【生境】多生长于河口冲积带、盐度较低的潮间带。

在鸡笼山、九洲江口个别植株大部分叶片叶尖截平或圆凸，但裂片多于4，认为还是老鼠簕

花与果：花果期较长，7月前后为盛花期；蒴果椭圆形，隐胎生

遂溪西溪河口海堤边的老鼠簕，周围长满了黄槿、短叶茳芏等

花

外来物种无瓣海桑不断侵占老鼠簕的生境

营仔河口与桐花树混生的老鼠簕

九洲江河口的老鼠簕群落：常形成优势群落，或与芦苇、短叶茳芏、卤蕨、水蓑衣等混生

# 17.白骨壤

*Avicennia marina* (Forsk.) Vierh.

马鞭草科Verbenaceae　海榄雌属

【别名】海榄雌、海加丁、白榄

灌木至小乔木。具指状气根。枝近圆，常具明显的节。树皮偏白。近革质叶对生，全缘。聚伞花序穗状或头状；花萼杯状5裂；花冠黄色，钟状，檐部整齐4裂。蒴果隐胎生，扁球形。花期5～7月，果期7～10月。

【分布】特呈岛、徐闻（和安、三墩）、麻章（湖光）、雷州（附城、企水）、廉江（高桥）、东海岛（民安）、遂溪（杨柑）等。较常见。为雷州半岛分布面积最大的红树林树种。

【生境】喜生低潮带滩涂、鱼围等，耐贫瘠的沙滩、石砾海岸。红树林造林先锋树种之一。

5～7月为主花期

白骨壤隐胎生果经处理可以食用，是饥荒年代的“救荒粮”

7～9月为盛果期

廉江高桥德耀村低潮带白骨壤群落

花与果：花果期较长，7月前后为盛花期；蒴果椭圆形，隐胎生

发达的指状气根是滩涂上的一道风景线

白骨壤常成纯林，成熟的白骨壤林密密麻麻，指状根铺满滩涂

在淤泥深厚的前缘滩涂，白骨壤生长较好，能抑制互花米草的扩散

一棵白骨壤就是一盆盆景

# 18. 贝克喜盐草

*Halophila beccarii* Asch.

水鳖科Hydrocharitaceae　喜盐草属

【别名】盐藻、贝壳喜盐草

匍匐海草。根状茎纤细，每节节间生1根，抱茎鳞片2。叶簇生直立茎顶端；叶片长椭圆形，先端钝圆或突尖，基部楔形，全缘；中脉较宽，无横脉；叶柄具膜质鞘。花单性，雌雄同株；佛焰苞苞片长圆形或披针形。果实卵形，种皮具网状纹饰。花果期未定。

【分布】廉江（高桥、营仔）、遂溪（北潭）、徐闻（西连、和安）、雷州湾、流沙湾及鉴江河口等。较常见。

【生境】喜生潮间带、浅海等。

贝克喜盐草生境（红树林前缘滩涂）

4月中旬的贝克喜盐草细小得如黑芝麻铺在地上

7月中旬廉江高桥红树林前缘滩涂的贝克喜盐草

10月中旬徐闻和安公港沙质滩涂上的贝克喜盐草

11月下旬，鉴江口红树林前沿滩涂上的贝克喜盐草

# 19.喜盐草

*Halophila ovalis* (R. Br.) Hook. f.

水鳖科Hydrocharitaceae　喜盐草属

【别名】卵叶喜盐草

多年生海草。茎匍匐，每节生1细根、2膜质鳞片；叶2枚，生于鳞片腋部，淡绿色，半透明，薄膜质并有褐色斑纹，长椭圆形，长1～4厘米；叶脉3，具多对横脉。花单性，雌雄异株；雄佛焰苞宽披针形，顶端锐尖；雌佛焰苞苞片宽披针形，螺旋状扭转，似长颈瓶。果近球形，直径约3.5毫米。种子多数，近球形。花果期11月至翌年3月。

【分布】徐闻（和安）、雷州（海康港）、流沙湾等。较少见。

【生境】平缓的中低潮海滩涂、浅海等。

喜盐草生境（徐闻和安公港村红树林前缘滩涂）

7月中旬徐闻和安公港红树林前缘滩涂上的喜盐草

植株

# 20.短叶茳芏

*Cyperus malaccensis* subsp. *monophyllus* (Vahl) T. Koyama

莎草科Cyperaceae　莎草属

【别名】席草、咸水草、关草

多年生高大草本。根状茎匍匐。锐三棱形茎粗壮。叶片短。长侧枝聚伞状花序；穗状花序具5～10枚小穗；小穗线形，扁圆柱状；小穗轴纤细，具白色线形翅；鳞片卵形。小坚果长圆形。抽穗期5～10月。

【分布】雷州（九龙山、南渡河口）、廉江（高桥河口、九洲江口、鸡笼山）等。常见。

【生境】海边围田、排水沟渠、河口冲积滩涂、鱼虾池边等。

10月上旬正是短叶茳芏的盛花期（营仔河口）

8月下旬短叶茳芏始花（九洲江口）

# 21.水葱

*Schoenoplectus tabernaemontani* (C. C. Gmelin) Palla

莎草科Cyperaceae　水葱属

【别名】南水葱、莞草

多年生草本。秆圆柱状，平滑，基部叶鞘3～4，长达40厘米，最上部叶鞘具叶片。叶片线形。长侧枝聚伞花序假侧生；小穗单生或数枚簇生辐射枝顶端，卵状长圆形；膜质鳞片椭圆形或宽卵形，先端稍凹，具短尖，紫褐色，边缘具缘毛。小坚果倒卵形，双凸状。花果期6～9月。

【分布】廉江（九洲江、龙营围）、东海（硇洲岛）、坡头（鉴江口）等。少见。

【生境】喜生于河口咸淡水交汇的滩涂或海边浅水塘。单独形成群落或与短叶茳芏、桐花树、老鼠簕混生。

廉江龙营围河口潮间带水葱群落

长侧枝聚伞花序

植株

# 22.三棱水葱

*Schoenoplectus triqueter* (L.) Palla

莎草科Cyperaceae　水葱属

【别名】藨草

多年生草本。匍匐根状茎长。秆散生，三棱形，基部近圆形，粗壮，基部具2～3枚鞘；鞘膜质，横脉明显隆起，最上一个鞘顶端具叶片；叶片扁平；苞片1，三棱形。长侧枝聚伞花序假侧生，具数枚辐射枝；每枝簇生小穗数枚；小穗卵状长圆形，密生花；鳞片长圆形至宽卵形，顶端微凹或圆形。花果期5～11月。

与短叶茳芏的主要区别在于：秆基部近圆形。

【分布】廉江（九洲江、良垌河河口）。不常见。

【生境】喜生于河口咸淡水交汇的滩涂。单独形成群落或与短叶茳芏、老鼠簕混生。

廉江九洲江口泥滩上，三棱水葱与无瓣海桑、短叶茳芏、老鼠簕等生长在一起

与短叶茳芏混生的三棱水葱：左前较矮小者为短叶茳芏，右前为三棱水葱

廉江良垌鸡笼山的三棱水葱

长侧枝聚伞花序

# 23.海三棱藨草

× *Bolboschoenoplectus mariqueter* (Tang et F. T. Wang) Tatanov

莎草科Cyperaceae　藨草属

【别名】假席草

多年生草本。具匍匐根状茎和须根。秆高40～50厘米，三棱形。常有短于秆的叶片2枚。无柄小穗单枚假侧生，广卵形，长约1厘米，宽5毫米，具多数花；鳞片卵形，棕色或红棕色；下位刚毛4条。小坚果倒卵形，顶端近于截形，成熟时深褐色。花果期6～8月。

【分布】雷州附城河北村沿海滩涂有分布，疑为人工引入。少见。

【生境】喜生于潮间带、河口滩涂。单独形成群落或与白骨壤、桐花树混生。

每年的7～8月份海三棱藨草生长最旺盛（雷州附城河北村红树林前缘滩涂）

植株

互花米草不断侵占海三棱藨草的生境

无柄小穗

叶片

# 24.芦苇

*Phragmites australis* (Cav.) Trin. ex Steud.

禾本科Poaceae　芦苇属

【别名】芦

多年生草本。秆直立，节下有蜡粉。叶片披针状线形。圆锥花序分枝多数，着生稠密下垂的小穗。抽穗期10～12月。

【分布】雷州半岛各地。常见。

【生境】喜生于河口两岸泥滩、高潮带海滩涂、围田、排水沟边等，海水浸淹的地方可生长。常单独成片或与红树林混生。

廉江营仔中高潮滩上成片的芦苇林

植株：抽穗期10～12月

麻章湖光海岸荒废养殖塘里的芦苇林

# 25.互花米草

*Spartina alterniflora* Lois.

禾本科Poaceae　米草属

多年生草本。根系发达。秆坚韧直立。叶长披针形，具盐腺；叶腋具腋芽。圆锥花序；花药黄色。颖果黄绿色。花果期6～10月。

【分布】原产美国东南部海岸，外来入侵物种，近年在雷州半岛蔓延较快。雷州（附城、九龙山）、廉江（高桥河口）、徐闻（和安）、东海岛（民安）、麻章（湖光）等。区域常见。

【生境】潮间带、河口、荒弃虾塘等。多见于红树林前缘滩涂，生长能力强，能生长于贫瘠的沙质海滩。

春：3月上旬，高桥低潮带白骨壤林前的互花米草开始萌发

夏：6月上旬，雷州土角村白骨壤林前的互花米草青翠茂盛

秋：10月下旬，雷州河北村无瓣海桑林前的互花米草长势旺盛，但叶子开始变黄

冬：12月下旬，东海西湾的互花米草已经枯黄

圆锥花序：8月前后是互花米草的盛花期

高桥前缘滩涂的桐花树和白骨壤逐渐在互花米草中生长起来：由于互花米草秋冬枯萎，在淤泥深厚肥沃、种源丰富的滩涂，红树林会利用全年生长的优势而逐年盖过互花米草

# 26.盐地鼠尾粟

*Sporobolus virginicus* (L.) Kunth

禾本科Poaceae　鼠尾粟属

【别名】海草、海鼠尾草

多年生草本。叶鞘紧裹茎，下部叶鞘长于节间，上部叶鞘短于节间；叶片细长针状。圆锥花序穗状，狭窄成长线形；小穗灰绿色，披针形。花果期4～10月。

【分布】雷州半岛各地。海边常见。

【生境】喜生于高潮带位置较高的滩涂、海边沙地、荒弃围田、河口堤坝等。常独自成片或与海马齿、南方碱蓬等混生。

廉江高桥卖棹河口滩涂上的盐地鼠尾粟

盐地鼠尾粟花期以6～7月为主，其圆锥花序紧缩穗状，狭窄成线形

盐地鼠尾粟常在高潮带海滩上形成优势群落

人工海堤上的盐地鼠尾粟

潮上带为潮间带上缘，受海水偶尔浸淹
（如波浪冲击、天文大潮浸淹等）的区域。
本部分详细记录**114**种滨海植物。

第二部分 02

# 潮上带植物

# 1.青皮刺

*Capparis sepiaria* L. Syst. Nat.

白花菜科Capparidaceae　山柑属

【别名】公须花、曲枝槌果藤

灌木，常呈攀缘状。小枝被毛，弯曲，具短刺。叶圆状卵形至长椭圆形。总状花序顶生或腋生，无总花梗；花白色。浆果近球形，直径约7毫米，熟后黑色。花期4～7月，果期8月至翌年3月。

【分布】雷州（九龙山、企水）、廉江（高桥河口、鸡笼山）、徐闻（迈陈）、东海岛等。区域常见。

【生境】喜生河口堤坝、近海灌丛等。海水偶有浸淹的地方可生长。

生长在廉江车板海岸边的青皮刺

8月下旬，东海岛西湾海堤边的青皮刺正值果熟期

# 2.牛眼睛

*Capparis zeylanica* L.

白花菜科Capparidaceae　山柑属

【别名】槌果藤

攀缘灌木。茎具短刺。叶革质，椭圆状，顶端急尖并具小尖头。花腋生；花萼被红褐色星状毛；花瓣白色，或绿黄色；雄蕊与花柱同色，白色或紫色。浆果球形，熟时橙色至红色。花期2～5月，果6～10月。

【分布】雷州（九龙山、企水）、廉江（高桥河口、鸡笼山）、徐闻（迈陈）等地。

【生境】村边灌丛、河口堤坝等。海水偶有浸淹的地方可生长。在高桥公安围堤上与海漆、曲枝槌果藤等混生。

雄花丝色彩鲜艳

浆果球形

正值果期的植株

# 3.钝叶鱼木

*Crateva trifoliata* (Roxburgh) B. S. Sun

白花菜科Capparidaceae　鱼木属

【别名】鱼木、赤果鱼木

乔木或灌木。花期时树无叶或具少量嫩叶。枝灰褐色，有纵皱肋纹。叶近革质，椭圆形或倒卵形，顶端圆急尖或钝。花瓣白色至黄色；雄蕊多呈紫色。果球形，皮光滑，成熟时呈红紫褐色。花期4～8月，果期6～9月。

【分布】东海岛（西湾）、徐闻（和安、五里山港、西连、角尾）和雷州（九龙山）等。半岛南部常见。可作庭院绿化、观赏植物栽培。

【生境】近海和海岛沙地、海边灌丛、石灰岩地上偶见。

叶

徐闻三墩海边的钝叶鱼木

花

# 4.白鼓钉

*Polycarpaea corymbosa* (L.) Lamarck

石竹科Caryophyllaceae　白鼓钉属

【别名】百花草

一年生草本。茎直立。叶假轮生状，叶片狭线形至针形。花密集成聚伞花序，苞片透明。蒴果卵形，褐色，长不及宿存萼的一半。花期4～7月，果期6～9月。

【分布】霞山特呈岛、东海岛、坡头、遂溪（草潭旧庙、乐民）等。不常见。

【生境】海边荒坡、沙地、木麻黄林下等。可见于海水偶有浸淹的地方。

聚伞花序

5月，特呈岛红树林岸边的白鼓钉正值盛花期

# 5.针晶粟草

*Gisekia pharnaceoides* L.

粟米草科Molluginaceae　针晶粟草属

【别名】吉粟草

一年生草本。茎铺散而多分枝。叶片稍肉质，椭圆形或匙形，两面均有多数白色针状结晶体。花小，多花簇生成束于叶腋或两分枝间；花被片淡绿色，亦有白色针晶体。果肾形，具小疣状凸起，为宿存花被片包围，不开裂；果皮脆壳质，具白色针晶体。花期6～9月，果期9～11月。

【分布】东海岛、特呈岛、硇洲岛、雷州（企水）、徐闻（和安、迈陈）等。不常见。

【生境】海边沙地、木麻黄林下等。海水偶有浸淹的地方可生长。

花枝

7月上旬，雷州企水海角村，生长在木麻黄林下的针晶粟草

# 6.长梗星粟草

*Glinus oppositifolius* (L.) A. DC.

粟米草科Molluginaceae　星粟草属

【别名】簇花粟米草

一年生铺散草本。分枝多。3～6叶假轮生，稀对生；叶片匙状倒披针形，顶端钝或急尖，边缘中部以上具疏齿。花常簇生，白色或淡黄色。蒴果椭圆形，较宿存花被略短。花果期几全年。

【分布】雷州（企水、九龙山）、廉江（高桥河口）、徐闻（和安）、东海岛、南三岛等。区域常见。

【生境】多见于海边沙地、木麻黄林下等。海水偶有浸淹的地方可生长。

# 7.海马齿

*Sesuvium portulacastrum* (L.) L.

番杏科Aizoaceae　海马齿属

【别名】滨马齿苋、滨水菜

匍匐草本。全株近肉质，无毛。节上生根。对生叶长圆齿状，具蜡质层，顶端圆钝；无柄。花5数，单生叶腋，萼瓣合一，星状，粉红色，少白色。蒴果卵形。花果期4～12月。

【分布】雷州半岛各地。常见。

【生境】海边沙地、河口湿地、海堤坝、虾塘基等。常见于海水偶有浸淹的地方。

海边沙地上的海马齿

花枝

植株

# 8.番杏

*Tetragonia tetragonioides* (Pall.) Kuntze

番杏科Aizoaceae　番杏属

【别名】海耳菜

一年生肉质草本。茎肥粗，淡绿色，基部多分枝。叶片卵状菱形或卵状三角形，边缘波状。花单生或2～3花簇生叶腋，花常4裂，内面黄绿色。坚果陀螺形，具钝棱，有4～5角，附有宿存花被。种子数颗。花果期6～10月。

【分布】雷州（东里、企水）、徐闻（和安）、东海岛、特呈岛等。不常见。

【生境】海边沙地、海堤坝等。海水偶有浸淹的地方可生长。

植株

花果

沙质海岸的番杏

# 9.假海马齿

*Trianthema portulacastrum* L.

番杏科Aizoaceae　假海马齿属

【别名】假海齿

一年生草本。茎多分枝，匍匐。肉质叶对生，椭圆形至倒卵形。花单生叶腋，无梗，白色或淡粉红色。蒴果顶端截形。花果期5～10月。

【分布】雷州（九龙山、乌石）、徐闻（三墩、和安）、东海岛、特呈岛等。半岛南部较常见。

【生境】喜生海边沙地、河口堤坝等。海水偶有浸淹的地方可生长。

花枝

植株

海边荒地上的假海马齿

# 10.毛马齿苋

*Portulaca pilosa* L.

马齿苋科Portulacaceae　马齿苋属

【别名】太阳花

一年生或多年生草本。茎密丛生，匍匐而多分枝。叶互生；叶片近圆柱状线形，腋内长柔毛。花无梗，周围有数叶轮生，叶基密生长柔毛；花红紫色；雄蕊20～30，花丝洋红色，基部不连合。蒴果卵球形，盖裂。花果期4～10月。

【分布】雷州半岛各地。区域常见。

【生境】海边沙地、旷地、木麻黄林下等。

花枝：毛马齿苋喜欢在中午开花

木麻黄林下的毛马齿苋

# 11.四瓣马齿苋

*Portulaca quadrifida* L.

马齿苋科Portulacaceae　马齿苋属

【别名】四裂马齿苋

一年生肉质草本。茎匍匐，节上生根。叶对生；叶片卵形，顶端钝至急尖，叶腋具疏长柔毛；无柄或具短柄。花单生枝顶，周围4～5叶轮生，有白色长柔毛；萼片膜质；花瓣4，黄色。蒴果黄色，球形；果皮膜质。花果期几全年。

【分布】徐闻（海安、迈陈、和安）、雷州（附城）等。少见。

【生境】海边空旷沙地、海堤脚、养殖塘基、水沟边等。

海湾内风浪小、土壤肥厚的生境中的植株叶子较肥厚

开放海岸风浪较大海堤上的生境中的植株叶子较瘦薄

# 12.棱轴土人参

*Talinum fruticosum* (L.) Juss.

马齿苋科Portulacaceae　土人参属

【别名】土人参

一年至多年生肉质草本。叶互生，全缘，倒披针状长椭圆形；叶面中脉凹陷。圆锥花序顶生；花茎3棱；花瓣5，紫红色，花色娇艳；雄蕊多数，柱头3裂。果实椭圆形或倒卵状长圆形。花果期以10月至翌年3月为主。

【分布】外来物种，作野菜或观赏植物引入，在雷州半岛已逸为野生。廉江（九洲江口）、雷州湾沿岸、徐闻（海安、和安）等。少见。

【生境】海边沙地、海堤脚、村边旷地或路边等。较土人参喜潮湿生境。

东海岛东简海堤边的棱轴土人参

# 13.匍匐滨藜

*Atriplex repens* Roth

藜科Chenopodiaceae　滨藜属

【别名】海芙蓉

藤状亚灌木。茎被粗糠状鳞片，常呈紫红色，具细棱，下部常生不定根。互生叶叶片宽卵形至卵形。短穗状花序顶生；雌花苞片果时三角形至卵状菱形。卵形胞果偏扁；果皮膜质。花果期4～12月。

【分布】雷州（九龙山、南渡河口）、徐闻（和安、三墩、西连）、东海岛、特呈岛等。常见。

【生境】喜生海边沙地、河口堤坝。海水偶有浸淹的地方可生长。

海边荒地上的匍匐滨藜

花枝：花期4～7月

果枝：果期8～12月

# 14.狭叶尖头叶藜

*Chenopodium acuminatum* subsp. *virgatum* (Thunb.) Kitam.

藜科Chenopodiaceae 藜属

【别名】绿珠藜、变叶藜

一年生草本。茎具纵棱。叶卵状长圆形至披针形。团伞花序排成紧密的顶生穗状花序；花被5深裂。胞果圆形。花果期5～9月。

【分布】雷州半岛各地。常见。

【生境】喜生海边沙地、河口堤坝。海水偶有浸淹的地方可生长。

植株常会变成红色

喜生于海岸沙质地

# 15.喜旱莲子草

*Alternanthera philoxeroides* (Mart.) Griseb.

苋科Amaranthaceae　莲子草属

【别名】水花生、空心莲子草、肥猪菜

多年生草本。茎中空。叶长圆形或长倒卵形。头状花序腋生，白色，具长梗。胞果。花果期4～12月。

【分布】原产南美洲。雷州半岛各地。常见。

【生境】喜生于海边围田湿地、河口湿地、虾池排水沟等。海水偶有浸淹的地方可生长。

花

遂溪西溪河口，与老鼠簕生长在一起的喜旱莲子草

# 16.银花苋

*Gomphrena celosioides* Mart.

苋科Amaranthaceae　千日红属

【别名】地锦苋

披散草本。茎被白色长柔毛。叶柄无或极短。头状花序顶生，花序初为扁球形后呈圆形至长圆柱形，银白色。胞果椭圆形。花果期1～11月。

【分布】原产南美洲，现已归化。雷州（南渡河口）、廉江（高桥河口、九洲江口）、东海岛、徐闻（和安、三墩）等雷州半岛各地。常见。

【生境】喜生海边沙地、河口堤坝、虾池基、木麻黄林下等。常单独形成群落。

花色纯洁，可作观赏植物栽培，常在海岸独自形成群落

东海岛龙海天海岸，银花苋与滨刺草、心叶黄花棯等混生

# 17.海边月见草

*Oenothera drummondii* Hook.

柳叶菜科Onagraceae　月见草属

【别名】海芙蓉

一年生至多年直立或平铺草本。全株被柔毛。基生叶灰绿色，狭倒披针形至椭圆形，茎生叶狭倒卵形至倒披针形。花序穗状，生于枝顶；苞片狭椭圆形至狭倒披针形；萼片黄绿色，开花时边缘带红色，披针形；花瓣黄色。蒴果圆柱状。花果期5～12月。

【分布】原产美洲，以观赏植物引入，现已归化。吴川（吴阳）、南三岛、特呈岛等。不常见。

【生境】喜生海边沙质空地、木麻黄林下等。海水偶有浸淹的地方可生长。

海滩上的海边月见草

花蕾与蒴果

花期较长，5～11月都可以见到花开

# 18.黄细心

*Boerhavia diffusa* L.

紫茉莉科Nyctaginaceae　黄细心属

【别名】沙参

多年生草本。对生叶卵形，大小变化较大，长1～7厘米，宽1～4厘米。花粉红色至紫红色。果棒槌状，具5棱，有腺体和被柔毛。花果期5～10月。

【分布】麻章（湖光）、东海岛、徐闻（和安、迈陈、角尾）、雷州（乌石、企水）等。区域常见。

【生境】喜生于沙质海岸、海堤、木麻黄林下等。耐盐，海水偶有浸淹的地方可生长。

花枝

7月上旬，雷州企水海角村，海边空地上密密麻麻生长着黄细心

# 19. 台琼海桐

*Pittosporum pentandrum* var. *formosanum* (Hayata) Z. Y. Zhang et Turland

海桐花科Pittosporaceae　海桐花属

【别名】台湾海桐、琼台海桐

灌木至小乔木。叶簇生于枝顶，成假轮生状，倒卵形至矩圆状倒卵形。顶生圆锥花序由多数伞房花序组成，密被锈褐色柔毛；花淡黄色。蒴果扁球形。花果期4～11月。

【分布】雷州（九龙山）、廉江（高桥河口、鸡笼山）等。不常见。

【生境】海边灌丛、河口堤坝等。海水偶有浸淹的地方可生长。

廉江高桥洗米河口呈小乔木状的台琼海桐

9月前后是台琼海桐的盛花期

# 20.刺篱木

*Flacourtia indica* (Burm. F.) Merr.

大风子科Flacourtiaceae　刺篱木属

【别名】海簕木

灌木至小乔木。幼株腋生枝状刺。叶革质，倒卵形，多密生于小枝顶部。雌雄异花。果球形。花果期4～10月。

【分布】雷州（九龙山）、廉江（高桥、鸡笼山、九洲江口）等。少见。

【生境】喜生于村边灌丛、河堤、海堤上等。较耐盐，海水偶有浸淹的地方可生长。

果枝

花期以5～6月为主

雷州流沙湾海堤上的刺篱木

# 21.箣柊

*Scolopia chinensis* (Lour.) Clos

大风子科Flacourtiaceae　箣柊属

【别名】金刚簕

常绿灌木或小乔木。植株无毛，树皮浅灰色，枝具刺。叶革质，椭圆形至长圆状椭圆形，先端圆或钝，基部近圆形，两侧各有1腺体，全缘或有细锯齿。总状花序腋生或顶生，花淡黄色。浆果圆球形。花期10～12月，果期翌年1～2月。

【分布】雷州（九龙山）、廉江（高桥、鸡笼山、九洲江口）等。不常见。嫩叶鲜艳、果实熟时通红，树形笔挺，可作庭院绿化树种。

【生境】村边灌丛、河堤、海堤上等。海水偶有浸淹的地方可生长。

果实：箣柊果实成熟时呈鲜红色至深红色

花枝

廉江九洲江口与苦郎树、阔苞菊等生长在一起的箣柊

# 22.仙人掌

*Opuntia dillenii* (Ker Gawl.) Haw.

仙人掌科Cactaceae 仙人掌属

【别名】观音刺、观音掌

丛生肉质灌木。上部分枝多呈宽倒卵形、倒卵形，绿色，小窠疏生，密生短毛和黄色刺。花黄色。浆果倒卵形。花果期几全年。

【分布】原产美洲，我国南方归化，常作绿篱或观赏植物栽培。雷州半岛各地。较常见。

【生境】海边沙地、河口堤坝、木麻黄林下等。海水偶有浸淹的地方可生长。

海边木麻黄林下的仙人掌

花

果实可以食用

四季开花结果

# 23.香蒲桃

*Syzygium odoratum* (Lour.) DC.

桃金娘科Myrtaceae　蒲桃属

【别名】白赤榔、白兰

常绿小乔木至大乔木。嫩枝纤细。叶革质，卵状披针形，先端尾状渐尖，基部钝或楔形，干后橄榄绿色，有光泽，上面具下陷腺点。圆锥花序顶生；花蕾倒卵圆形。果实球形。花期6～8月，果期9～12月。

【分布】遂溪、雷州、徐闻（西海岸）。少见。

【生境】海边灌丛。较耐盐，可见于海水偶有浸淹的海边小树林。

果枝：枝条软脆而易于折断

遂溪港门镇黄屋村红树林旁灌丛中与厚皮树等混生的香蒲桃

# 24. 玉蕊

*Barringtonia racemosa* (L.) Spreng

玉蕊科Lecythidaceae　玉蕊属

【别名】棋盘脚

小乔木。叶常聚生枝顶。总状或穗状花序顶生。浆果状果实卵圆形，形似棋盘。花果期夏秋为主，几全年。

【分布】雷州（九龙山）、麻章（太平）、遂溪（建新）等。可作庭院绿化树种。少见。

【生境】河口咸淡水交汇区域冲积滩涂、海边泥质地、河口堤坝等。海水有浸淹的高潮滩可生长。常与卤蕨、须叶藤、银叶树、老鼠簕、假茉莉等混生。

花枝

玉蕊果枝：果熟期9～11月为主

雷州九龙山河口玉蕊群落

# 25.榄形风车子

*Combretum sundaicum* Miquel

使君子科Combretaceae　风车子属

【别名】风车藤

攀缘灌木。枝和叶密被鳞片和柔毛。叶纸质，近圆形，叶面密被凸起乳突体。头状花序组成大型圆锥花序；花萼钟状；花瓣小。假核果纺锤形，具4翅，熟时红色，密被鳞片。花果期6～10月。

野外发现部分植株的小枝及叶两面被锈色鳞片，叶形等更接近同属的水密花 *Combretum punctatum* var. *Squamosum*，需要进一步核实。

【分布】雷州（九龙山）、徐闻（和安）、廉江（鸡笼山）。少见。

【生境】喜生风水林下、河口堤坝等。海水偶有浸淹的地方可生长。

雷州九龙山，攀缘在黄槿树上的榄形风车子

花枝

果枝

# 26.榄仁树

*Terminalia catappa* L.

使君子科Combretaceae　诃子属

【别名】法国枇杷、大叶榄仁

大乔木。树皮褐黑色，纵裂而剥落状。枝平展。叶大，互生，常密集于枝顶，叶片倒卵形，中部以下渐狭，基部截形或狭心形，全缘。穗状花序腋生；雄花生于上部，两性花生于下部；花多绿白色；无花瓣。果椭圆形，具2棱，棱上具翅状的狭边。种子1。花果期4～9月。

【分布】原产马达加斯加，以绿化树引入。雷州半岛各地有栽种或逸为野生。不常见。

【生境】河口两岸、海岸沙地、养殖塘基灌丛等偶见野生，城镇、村旁有种植。较耐盐，海水偶有浸淹的地方可生长。

徐闻县西连水尾村海岸，榄仁树生长在长满仙人掌、假茉莉的灌丛中

果枝

麻章湖光镇海边养殖塘基上与秋茄、假茉莉等生长在一起的榄仁树

# 27.刺果藤

*Byttneria grandifolia* Candolle

梧桐科Sterculiaceae　刺果藤属

木质大藤本。叶广卵形，顶端钝，基部心形，下面被白色星状短柔毛，基生脉5条。花小，淡黄色，内面略带紫红色；花瓣与萼片互生。蒴果圆球形，具短而粗的刺。花果期3～9月。

【分布】雷州（九龙山）、廉江（鸡笼山）等。少见。

【生境】海边灌木林，攀缘在其他植物上。海水偶有浸淹的地方可生长。

刺果藤圆球形的果实具短而粗的刺，因此而得名

廉江鸡笼山上的刺果藤根系经常受海水浸淹，但生长旺盛，攀爬在数米高的银叶树木上

# 28.银叶树

*Heritiera littoralis* Dryand.

梧桐科Sterculiaceae　银叶树属

【别名】银背叶树

常绿乔木。叶革质，长椭圆形或矩圆状披针形，叶背密被银白色鳞秕。圆锥花序腋生，密被星状毛和鳞秕。果木质，坚果状，近椭圆形；果皮光滑，干时黄褐色，背有龙骨状凸起。花期4～8月，果期9～12月。

【分布】雷州（九龙山）、麻章（太平河口）、廉江（鸡笼山）等有分布。不常见。

【生境】近海风水林、河口堤坝等。海水偶有浸淹的地方可生长。

遂溪建新河口海堤上的银叶树

花枝

果枝

发达的板状根

# 29.蛇婆子

*Waltheria indica* L.

梧桐科Sterculiaceae　蛇婆子属

【别名】禾踏草

直立或匍匐半灌木。小枝密被短柔毛。叶卵形或长椭圆状卵形，顶端钝，基部圆形或浅心形，边缘具齿，两面密被短柔毛。头状聚伞花序腋生；花瓣5，淡黄色，匙形，顶端截形。蒴果小，2瓣裂，由宿存萼包围。种子1。花果期6～11月。

【分布】雷州半岛各地。常见。

【生境】村边空地、海边沙地、河口堤坝等。海水偶有浸淹的地方可生长。

廉江龙营围海堤直立生长的蛇婆子

雷州企水赤豆寮岛海滩上匍匐生长的蛇婆子

# 30.陆地棉

*Gossypium hirsutum* L.

锦葵科Malvaceae　棉属

【别名】美棉、大陆棉

小灌木。叶阔卵形，长、宽近相等，基部心形，常3（5）浅裂，裂片宽三角状卵形。花单生于叶腋，白色或淡黄色，或变红色。蒴果卵圆形。种子分离，具白色长棉毛和灰白色不易剥离的短棉毛。花期夏秋季。

【分布】原产美洲墨西哥，或已归化。廉江（龙营围）、东海（硇洲岛）、雷州（乌石、企水）、徐闻（海安、角尾）等。不常见。

【生境】海边沙地、河口堤坝等。

海边灌丛中与苦郎树、马缨丹等混生的陆地棉

陆地棉植株

陆地棉蒴果卵圆形，顶端急尖

生长在硇洲岛岩石海岸上的陆地棉

# 31.黄槿

*Hibiscus tiliaceus* L.

锦葵科Malvaceae　木槿属

【别名】粘叶树、麻木、棉木

常绿乔木。树皮灰白色。叶革质，近圆形或广卵形，基部心形，上面绿色、光滑，叶背密被灰白色星状柔毛。花顶生或腋生；聚伞花序；花冠钟形，黄色（海边个别植株花常呈红色），内基部暗红色。蒴果卵圆形，被绒毛，果爿5。花期4～11月。

【分布】雷州半岛各地。常见。也见人工插枝种植作绿化树。

【生境】喜生于村旁、海边和河口湿地、海堤坝等。海水偶有浸淹的地方可生长。

徐闻迈陈海水养殖塘基上的黄槿

花果枝

花果枝

廉江良垌河口与卤蕨、海漆、芦苇等混生的黄槿

# 32.杨叶肖槿

*Thespesia populnea* (L.) Soland. ex Corr.

锦葵科Malvaceae　桐棉属

【别名】桐棉、海麻木

小乔木。嫩枝被褐色鳞秕。叶卵形，顶渐尖，基心形，全缘。花单生叶腋；花萼杯状；花瓣基部红色；花冠黄色，凋谢前后变红色。蒴果扁球形，熟时不开裂。种子三角形，密被褐色短毛。花期4～9月，果期7～12月。

【分布】雷州（九龙山）、廉江（高桥河口、鸡笼山）、东海岛等。较少见。花大而美，也作庭院绿化植物栽培。

【生境】海边灌丛、河口堤坝等。多见于海水偶有浸淹的地方。

花枝

红树林岸边的杨叶肖槿

果枝

# 33.白桐树

*Claoxylon indicum* (Reinw. ex Bl.) Hassk.

大戟科Euphorbiaceae　白桐树属

【别名】丢了棒

小乔木或灌木。小枝粗壮，灰白色，具散生皮孔。叶纸质，卵形或卵圆形，边缘具不规则齿；叶柄顶部具2小腺体。雌雄异株；花序各部均被绒毛；雄花序长可达30厘米；雌花通常1朵生于苞腋，萼片3。蒴果，分果爿3，脊线凸起。花果期几全年。

【分布】雷州（九龙山、英利）、徐闻（和安、西连、角尾）等。不常见。

【生境】海岛村边、河口灌丛、木麻黄林下等。

植株

雄花枝

# 34.细齿大戟

*Euphorbia bifida* Hook. et Arn.

大戟科Euphorbiaceae　大戟属

【别名】华南大戟、微齿大戟

一至多年生草本。叶对生，长椭圆形、宽线形，先端钝尖或渐尖，基部不对称，平截或稍偏斜。杯状聚伞花序；总苞的腺体具附属体。蒴果三棱状。花果期3～11月。

【分布】雷州（附城）、麻章（湖光）、东海岛、特呈岛等。少见。

【生境】村边荒地、河口堤坝、虾池基等。较耐盐，海水偶有浸淹的地方可生长。

花果枝

麻章湖光海水养殖塘基上的细齿大戟

# 35.匍根大戟

*Euphorbia serpens* H. B. K.

大戟科Euphorbiaceae　大戟属

一年生草本。茎匍匐状，常绿色，有时具粉色条纹；节间具不定根。叶对生，全缘，矩圆形，先端平截或微凹，基部内凹。总苞陀螺状至钟状。蒴果近球状；果柄约2毫米。花果期3～8月。

【分布】原产南美。麻章（湖光）、雷州（附城）、东海岛等。少见。

【生境】海边沙质地、河口堤坝、虾池基等。较耐盐，海水偶有浸淹的地方可生长。

花果枝

生长在麻章湖光海堤上匍根大戟

# 36.绿玉树

*Euphorbia tirucalli* L.

大戟科Euphorbiaceae　大戟属

【别名】光棍树、珊瑚树

灌木。叶生枝顶，早落。雌杯状聚伞花序簇生于小枝分叉处或小枝顶。雄花数枚，伸出总苞外；雌花1枚，子房柄伸出总苞。蒴果。花果期几全年。

【分布】原产非洲，以绿化观赏树引入，现逸为野生。雷州（九龙山）、徐闻（三墩、西连、角尾）等。雷州半岛南部较常见。

【生境】喜生海边沙地、河口堤坝、木麻黄林下等。海水偶有浸淹的地方可生长。

徐闻三墩海堤边的绿玉树

# 37.艾堇

*Sauropus bacciformis* (L.) Airy Shaw

大戟科Euphorbiaceae　守宫木属

【别名】红果草、海地桃

多年生草本。茎匍匐状或斜升，具纵棱。叶长椭圆形，顶端具尖头。花雌雄同株；雄花数朵簇生于叶腋，雌花单生于叶腋。蒴果卵球形。花果期3～12月。

【分布】雷州半岛各地。海边常见。

【生境】海边沙地、荒草地、海堤坝、木麻黄林下等。较耐盐，海水偶有浸淹的地方可生长。

花果枝

东海民安西湾村，生长在海边养殖塘基的艾堇

# 38.白树

*Suregada multiflora* (Jussieu) Baillon

大戟科Euphorbiaceae　白树属

【别名】饼树、金镶玉

灌木至乔木。节明显。小枝无毛。叶密布透明腺点。花雌雄异株；聚伞花序与叶对生。蒴果近球形，萼片宿存；果皮成熟时金黄色，3裂后露出纯白色外种皮。花果期3～7月，果熟期6～7月。

【分布】廉江（鸡笼山、高桥洗米河口）等有少量分布，多为矮小灌木。雷州半岛为本种在我国的主要分布区之一，但由于原生境的破坏而逐渐少见。

【生境】村边风水林、河口堤坝等。海水偶有浸淹的地方可生长。在高桥洗米河口与海漆、假茉莉等混生。

廉江高桥洗米河口的白树生长在稀疏的木麻黄林下，呈大灌木状

白树雄花

果枝

果熟后3裂，露出纯白色的外种皮

# 39.银合欢

*Leucaena leucocephala* (Lam.) de Wit

含羞草科Mimosaceae　银合欢属

【别名】白合欢

灌木至小乔木。枝具褐色皮孔。二回羽状复叶，羽片4～8对，叶轴被柔毛，最下一对羽片着生处具1黑色腺体。花白色。荚果带状，顶端凸尖，熟后纵裂。花期2～10月，果期5～12月。

【分布】原产南美洲，引进造林，现已归化。雷州半岛各地有野生分布。区域常见。

【生境】村边、海边旷地、道路两旁或河口堤坝等。海水偶有浸淹的地方可生长。

廉江龙营围养殖塘基上的银合欢

花果枝

5月，与光荚含羞草混生在海堤上的银合欢枝头上挂满了荚果

# 40.刺果苏木

*Caesalpinia bonduc* (L.) Roxb.

云实科Caesalpiniaceae　云实属

【别名】大托叶云实、老虎心、猪屭卧

多年生藤本。全株具刺。二回羽状复叶，对生羽片6～9对；叶状托叶大，常分裂。总状花序腋生；花瓣黄色，上有红色斑。长圆形荚果膨胀，顶端有喙，表面具细长针刺。种子2～4，卵球形，铅灰色。花期7～10月，果期10月至翌年1月。

【分布】廉江（高桥、营仔河口、鸡笼山）、雷州（九龙山、南渡河口）、遂溪（界炮）、东海岛等。区域常见。

【生境】海边灌丛、河口堤坝、虾塘基等。海水偶有浸淹的地方可生长。

花枝：花期7～10月

果枝：果期10月至翌年1月

刺果苏木荚果成熟后腹缝线开裂，露出铅灰色的种子

廉江龙营围红树林旁的刺果苏木

# 41.华南云实

*Caesalpinia crista* L.

云实科Caesalpiniaceae　云实属

【别名】假老虎簕

木质藤本。具倒钩刺。二回羽状复叶，叶轴有黑色倒钩刺，羽片2～3对；小叶4～6对，对生，具短柄，卵形或椭圆形。总状花序排列成顶生圆锥花序。革质荚果肿胀，斜宽卵形，先端有喙。种子1，扁平。花期4～7月，果期7～12月。

【分布】雷州（九龙山、东里海岸）。少见。

【生境】海边灌丛、河口堤坝。海水偶有浸淹的地方可生长。

叶片

海边灌丛中生长旺盛的华南云实

# 42.小刀豆

*Canavalia cathartica* Thou.

蝶形花科Papilionaceae　刀豆属

【别名】野刀板豆

草质藤本。小叶卵形，先端急尖或圆，基部宽楔形或圆。1～3花生于花序轴的每一节上；上唇二裂齿阔而圆，远较萼管为短，下唇三裂齿较小；花冠粉红色或近紫色，旗瓣圆形，顶端凹入，近基部有2枚痂状附属体。荚果长圆形，膨胀，顶端具喙尖。种子椭圆形；种皮褐黑色；种脐长接近种子长。花果期3～12月。

【分布】雷州半岛各地。常见。

【生境】村边灌丛、海边沙地、河口堤坝等。海水偶有浸淹的地方可生长。

花果枝

麻章岭头岛养殖塘基上的小刀豆匍匐在地上生长

荚果

# 43.海刀豆

*Canavalia rosea* (Sw.) DC.

蝶形花科Papilionaceae　刀豆属

【别名】滨刀豆

草质藤本。羽状复叶3小叶；小叶先端圆、微凹或具凸头。总状花序腋生；花萼上唇裂齿半圆形；花冠紫红色。荚果直而长圆形。种子椭圆形，深褐色；种脐长不及1厘米。花果期6～11月。

本种与小刀豆的主要区别在于：荚果直而圆，种脐极短；花色一般较深红。

【分布】雷州（九龙山、南渡河口、乌石港）、徐闻（和安）、廉江（高桥卖棹河口）、麻章（太平、湖光）和东海岛等。较常见。

【生境】喜生海边沙地、河口堤坝等。海水偶有浸淹的地方可生长。

花冠紫红色，旗瓣圆形，顶端凹入

花果枝

海边草地上蔓延的海刀豆

# 44.弯枝黄檀

*Dalbergia candenatensis* (Dennst.) Prainin

蝶形花科Papilionaceae　黄檀属

【别名】扭黄檀

攀缘状灌木。枝先端常旋转弯卷。奇数羽状复叶具5～7小叶。圆锥花序腋生；花冠白色。荚果扁平，弯曲如半月，果颈短，具1～2肾形种子。花果期5～12月。

【分布】廉江（高桥河口、鸡笼山、九洲江口）、雷州（九龙山）、东海岛、遂溪（界炮）、徐闻（西连）等。不常见。

【生境】喜生于海边灌丛、河口堤坝、养殖塘基等，或偶于高潮带与桐花混生。耐盐。

10月中旬，廉江高桥河口养殖塘堤上的弯枝黄檀正值盛花期

果枝：盛果期11～12月为主

花枝

# 45.鱼藤

*Derris trifoliata* Lour.

蝶形花科Papilionaceae　鱼藤属

【别名】三叶鱼藤、海豆藤

攀缘藤本。羽状复叶具小叶1～3对，小叶薄革质。总状花序腋生；花冠白色。荚果近圆形，扁平，仅腹缝具翅，有1～2种子。花果期5～11月。

【分布】廉江（高桥、营仔、鸡笼山）、雷州（九龙山）、麻章（湖光、太平）、遂溪（杨柑、界炮）、东海岛等。较常见。近年有暴发趋势，大量覆盖可致桐花树、木榄等死亡。

【生境】海边灌丛、河口堤坝或生于高潮带红树林中。攀缘于桐花树、无瓣海桑等。

7月下旬，无瓣海桑林下的鱼藤正值盛花期

鱼藤覆盖桐花树并导致桐花树死亡

高大的无瓣海桑为鱼藤提供了“篱笆”，使鱼藤得以大量开花结实，可能是造成鱼藤暴发的原因之一

11月上旬，攀缘在无瓣海桑树上的鱼藤挂满了荚果

# 46.水黄皮

*Pongamia pinnata* (L.) Pierre

蝶形花科Papilionaceae　水黄皮属

【别名】海木豆

落叶乔木。老枝具皮孔。羽状复叶具小叶2～3对。总状花序腋生；花冠粉红色。荚果椭圆形，厚革质。种子1～2；花果期5～10月。

【分布】廉江（高桥河口、鸡笼山、九洲江口）、雷州（九龙山）、东海岛等。区域性常见。海岸绿化速生树种，常作庭院绿化植物。

【生境】近海风水林、海边沙地、河口堤坝、池塘基、木麻黄林下等。

花枝

廉江高桥河口，高大的水黄皮与黄槿、海漆等混生

果枝

# 47.滨豇豆

*Vigna marina* (Burm.) Merr.

蝶形花科Papilionaceae　豇豆属

多年生匍匐草本。羽状复叶具3小叶；小叶近革质，卵圆形或倒卵形，先端浑圆，基部宽楔形。总状花序；花冠黄色，旗瓣倒卵形。荚果肿胀，线状长圆形，微弯，种子间稍缢缩。种子2～6。花果期7～10月。

【分布】雷州（附城、东里）、徐闻（和安）等。较少见。

【生境】喜生于海边沙地、虾塘基等。海水偶有浸淹的地方可生长。

花

雷州附城海角村海边养殖塘基上的滨豇豆

荚果

# 48. 木麻黄

*Casuarina equisetifolia* L.

木麻黄科Casuarinaceae　木麻黄属

【别名】驳骨松、马尾松

乔木。小枝具7～8纵沟棱，灰绿色，柔软下垂。叶退化为鳞片，鳞片每轮7数，披针形。花雌雄同株或异株；雄花序棒状圆柱形；雌花序常顶生。球果状果序椭圆形，两端近平截或钝。花果期4～10月。

【分布】原产澳大利亚。雷州半岛各地有种植。常见。

【生境】海边沙地、河口堤坝等。海水偶有浸淹的地方可生长。

雄花枝：雄花序棒状圆柱形

生长在高潮带红树林中地势较高位置的木麻黄，能够适应周期性海水浸淹

雌花枝

球果状果序

# 49.构棘

*Maclura cochinchinensis* (Loureiro) Corner

桑科Moraceae　橙桑属

【别名】葨芝、黄桑木

直立或攀缘状灌木。枝无毛，具粗壮弯曲无叶的腋生刺。叶革质，椭圆状披针形或长圆形。花雌雄异株；雌雄花序均为具苞片的球形头状花序；雌花序微被毛。聚合果肉质，直径2～4厘米，熟时橙红色。花期5～8月，果期9～11月。

【分布】特呈岛、硇洲岛、雷州（九龙山）、廉江（高桥河口、鸡笼山）、徐闻（和安、海安、西连）等。不常见。

【生境】海边灌丛、河口堤坝等。海水偶有浸淹的地方可生长。

徐闻和安北莉岛海边灌丛中的构棘生长十分茂盛

10月中旬，构棘树上挂满了聚合果

# 50.变叶裸实

*Gymnosporia diversifolia* Maxim.

卫矛科Celastraceae　裸实属

【别名】咬眼簕、变叶美登木

灌木至小乔木，有时攀缘状。小枝通常变为直刺。叶近革质，圆状倒卵形，边缘具波状钝齿。聚伞花序腋生；花淡绿色。蒴果倒圆锥形，熟时红色。花果期6月至翌年3月。

【分布】雷州半岛各地。常见。

【生境】海边灌丛、河口堤坝等。海水偶有浸淹的地方可生长。

花枝

果枝

海岸沙地上与露兜树混生的变叶裸实

# 51.山柑藤

*Cansjera rheedei* J. F. Gmel.

山柚子科Opiliaceae　山柑藤属

【别名】山柑

攀缘状灌木。枝条广展，常具刺。植株被淡黄色绒毛。叶薄革质，卵圆形、长圆状披针形。密生穗状花序；花被管坛状，黄色。核果长椭圆状或椭圆状，长1.2～1.8厘米，无毛，顶端有小突尖，成熟时橙红色。花期9月至翌年4月。

【分布】廉江（营仔）、东海（西湾）、雷州（乌石）等。不常见。

【生境】海边灌丛、山坡、河口堤坝等。较耐盐，海水偶有浸淹的地方可生长。常攀缘于其他植物上。

密生穗状花序1～3枚聚生于叶腋

攀缘在木麻黄上的山柑藤

# 52.蛇藤

*Colubrina asiatica* (L.) Brongn.

鼠李科Rhamnaceae　蛇藤属

【别名】亚洲滨枣

藤状灌木。茎无刺。叶互生；基出脉3条。聚伞花序腋生；花两性；萼筒半球形，花萼星状；兜状花瓣5；花盘肉质与萼筒合生。蒴果状核果扁球形。花果期4～12月。

【分布】廉江（高桥、营仔、良垌）、雷州（九龙山）、遂溪（北潭）等。少见。

【生境】海边灌丛、河口堤坝、木麻黄林下等。海水偶有浸淹的地方可生长。在高桥河口与海漆、苦槛蓝、假茉莉等混生。

花枝

果枝

海边灌丛中的蛇藤

# 53.马甲子

*Paliurus ramosissimus* (Lour.) Poir.

鼠李科Rhamnaceae　马甲子属

【别名】铁篱笆、铜钱树、牛角刺

具刺灌木。叶互生，多呈卵形，基出脉3条。聚伞花序腋生或顶生；花萼星状；花瓣扇形。核果帽状，棕红色。花果期4～10月。

【分布】雷州（南渡河口）、廉江（高桥、良垌河口）等。不常见。

【生境】村边灌丛、河口堤坝等。海水偶有浸淹的地方可生长。

廉江良垌鸡笼山红树林，与黄槿等混生在高大灌丛中的马甲子

果枝

花果枝

# 54.鸦胆子

*Brucea javanica* (L.) Merr.

苦木科Simaroubaceae　鸦胆子属

【别名】老鸦胆、白骨苦楝

灌木。嫩枝、叶柄和花序均被黄色柔毛。奇数羽状复叶互生；小叶对生。圆锥花序；花暗紫色。核果椭圆形，紫红色转黑色，干时具凸起的网状皱纹。花期5～7月，果期8～11月。

【分布】雷州半岛各地。区域常见。

【生境】村边灌丛、海边沙地、河口堤坝等。

高桥红树林海堤上的鸦胆子

果枝

花枝：花期5～7月

# 55.车桑子

*Dodonaea viscosa* (L.) Jacq.

无患子科Sapindaceae　车桑子属

【别名】坡柳

灌木至小乔木。小枝扁而有狭翅或棱角，覆有胶状黏液。单叶纸质，线形、线状匙形、长圆形等，两面有黏液。花序顶生或在小枝上部腋生。蒴果倒心形或扁球形，2～3翅。花果期10月至翌年3月。

【分布】雷州半岛各地。区域常见。

【生境】海边沙地、围田基、河口堤坝等。

果枝

雷州覃斗海边养殖塘基上的车桑子

# 56.厚皮树

*Lannea coromandelica* (Houtt.) Merr.

漆树科Anacardiaceae　厚皮树属

【别名】牛脚树、胶皮树

落叶乔木。小枝和嫩叶密被锈色毛。互生羽状复叶，常聚生于枝顶；小叶单数，对生。圆锥花序常顶生；花瓣黄色或带紫色。核果卵形至长椭圆形，熟时紫红色。花果期3～7月。

【分布】廉江（高桥河口、鸡笼山、九洲江口）、雷州（九龙山）等。区域常见。

【生境】喜生村边风水林、河口堤坝等。海水偶有浸淹的地方可生长。在高桥河口与海漆、苦槛蓝、假茉莉等混生。

花枝：厚皮树开花的时候，树上的叶子都掉光了

廉江高桥河口生长在海堤上的厚皮树

果枝

遂溪乐民海堤边的厚皮树与苦郎树、香蒲桃等混生

# 57.光叶柿

*Diospyros diversilimba* Merr. et Chun

柿科Ebenaceae　柿属

【别名】乌木、黑烈树

灌木至小乔木。树皮灰色。枝红褐色或灰褐色，散生小皮孔。叶纸质，长圆形或倒卵状长圆形，先端多数钝，基部浑圆或浅心形。腋生雌花生在当年生枝下部，浅黄色；花萼绿色，深4裂。果球形，直径约1.5厘米。花期5～8月，果期10～12月。

【分布】廉江（高桥、龙营围）、遂溪（杨柑）、东海岛、特呈岛等。区域常见。

【生境】海边灌丛、沙地、河口堤坝等。

东海民安海边，生长在木麻黄林下的光叶柿

果枝

10～12月是光叶柿的果期

# 58.铁线子

*Manilkara hexandra* (Roxb.) Dubard

山榄科Sapotaceae　铁线子属

【别名】铁色

常绿灌木至乔木。树皮灰色。叶革质，互生，常密聚枝顶，倒卵形或长椭圆形，先端微凹；侧脉相互平行。花簇生叶腋；花冠白色，裂片6。浆果熟时黄色，椭圆形。花期8～12月，果熟期翌年5～6月。

【分布】遂溪西海岸。少见。

【生境】村边、海边灌丛、河口堤坝等。

遂溪乐民红树林堤岸上的铁线子

铁线子树形高大，树干粗壮，是很好的风景树种

果枝

# 59. 长春花

*Catharanthus roseus* (L.) G. Don

夹竹桃科Apocynaceae　长春花属

【别名】常春花

多年生草本。全株无毛。叶倒卵状长圆形。聚伞花序；花冠粉红色，中间深红色，高脚碟状。蓇葖果双生，直立。花果期全年。

【分布】雷州半岛各地。区域常见。

【生境】海岛或陆岸海边沙地、河口堤坝、木麻黄林下等。在海边常单独形成群落或与单叶蔓荆、圆茎耳草等混生。

东海岛龙海天海岸与单叶蔓荆、厚藤等混生的长春花

长春花花期长，花多而鲜艳，可作观赏植物栽培。但长春花是有毒植物，注意不能食用

单独形成群落

# 60.海杧果

*Cerbera manghas* L.

夹竹桃科Apocynaceae　海杧果属

【别名】毒芒果

常绿灌木至乔木。全株具乳汁。枝轮生。叶倒卵状圆形或倒卵状披针形，常集生于枝顶。顶生聚伞花序；白色花冠高脚碟状，喉部红。核果常卵形或近圆形，成熟时红色。花果期3～11月。

【分布】廉江（鸡笼山、高桥河口）、特呈岛、雷州（九龙山）、东海岛等。不常见。可作庭院绿化树种。

【生境】喜生海边沙地、河口堤坝等。海水偶有浸淹的地方可生长。

廉江良垌鸡笼山海堤上的海杧果

果实

花枝

# 61.倒吊笔

*Wrightia pubescens* R. Br.

夹竹桃科Apocynaceae　倒吊笔属

【别名】屐木、倒吊蜡烛

落叶或常绿乔木。全株具乳汁。枝密生皮孔。叶卵状长圆形或卵形。聚伞花序；漏斗状花冠粉红色或绿白色。蓇葖果2枚粘生，长披针形。花果期4～12月。

【分布】雷州半岛各地。区域常见。

【生境】村边灌丛、风水林、河口堤坝等。海水偶有浸淹的地方可生长。

花枝

果枝：倒吊笔的蓇葖果披针形，像倒挂树上的“笔”，名字由此而来

# 62.牛角瓜

*Calotropis gigantea* (L.) W. T. Aiton

萝藦科Asclepiadaceae　牛角瓜属

【别名】羊浸树、大麻风药、哮喘树

灌木。茎黄白色。叶倒卵状长圆形或椭圆状长圆形，基部心形。聚伞花序；花序梗和花梗被灰白色绒毛；花冠紫蓝色。蓇葖果。花果期全年。

【分布】徐闻（角尾、西连）等。少见。

【生境】喜生海边沙地、木麻黄林下等。

花枝

徐闻角尾海边，生长在木麻黄林下的牛角瓜

# 63.海岛藤

*Gymnanthera oblonga* (N. L. Burman) P. S. Green

萝藦科Asclepiadaceae　海岛藤属

【别名】海乳藤

木质藤本。全株具乳汁。纸质叶长圆形。聚伞花序腋生；花5数；花冠白色或淡黄绿色，副花冠裂片卵状三角形。长披针形蓇葖果叉生。花期6～9月，果期8月至翌年2月。

【分布】雷州半岛各海岸。区域常见。

【生境】海边灌丛、沙地、河口堤坝等。海水偶有浸淹的地方可生长。常攀缘在黄槿、海漆、阔苞菊上。

攀缘在海漆上的海岛藤

花枝

果枝

# 64.墨苜蓿

*Richardia scabra* L.

茜草科Rubiaceae　墨苜蓿属

【别名】假猪菜

一年生匍匐草本。茎被硬毛。叶厚纸质，卵形至椭圆形，两面粗糙。头状花序顶生；无总花梗；花萼与花瓣常6裂；漏斗状花冠白色，星状展开。分果爿长圆形至倒卵形，背部密覆小乳凸和糙伏毛，腹面有一条狭沟槽。花果期3～11月。

【分布】原产美洲。雷州半岛各地有分布。常见。

【生境】荒弃围田、海边沙地、河口堤坝、木麻黄林下等。较耐盐，海水偶有浸淹的地方可生长。

头状花序顶生

海边荒地上的墨苜蓿

# 65.糙叶丰花草

*Spermacoce hispida* L.

茜草科Rubiaceae　纽扣草属

【别名】鸭舌黄、红骨鸭舌黄

平卧草本。枝四棱柱形，棱上具粗毛。4～6花聚生于托叶鞘内；无梗；萼檐4裂；花冠漏斗状，4裂，粉红色或偏白。蒴果椭圆形，成熟时自顶端纵裂。花果期5～11月。

【分布】雷州半岛各地。海边常见。

【生境】海边沙地、河口堤坝、木麻黄林下等。

花枝

生长在海边木麻黄林下的糙叶丰花草

# 66.茵陈蒿

*Artemisia capillaris* Thunb.

菊科Asteraceae　蒿属

【别名】白毛蒿、土茵陈

灌木状草本。茎直立，具纵棱，基部木质，上部多分枝。基生叶多呈莲座状，卵圆形或卵状椭圆形，二至三回羽状全裂；中上部叶宽卵形或近圆形，一至二回羽状全裂。头状花序卵球形，常排成复总状花序；花序凸起；花冠狭管状。瘦果长圆形或长卵形。花果期7～10月。

本种与雷州半岛沙质海岸分布的蒿属的另一个种雷琼牡蒿*Artemisia hancei* (Pamp.) Ling et Y. R. Ling的主要区别在于：基生叶二回羽状全裂，每侧裂片2～4枚，裂片不弧曲，而后者基生叶一至二回羽状深裂或近全裂，每侧裂片2枚，常镰状弯曲。

【分布】南渡（河口）、徐闻（和安）、廉江（高桥河口）、遂溪（北潭）等。区域常见。

【生境】喜生海边沙地、河口堤坝等。较耐盐，海水偶有浸淹的地方可生长。

海堤上与阔苞菊等混生的茵陈蒿

海堤上生长在海漆旁的茵陈蒿

东海岛、南三岛和徐闻东砂质海岸分布着蒿属的另一个种——雷琼牡蒿

# 67.剪刀股

*Ixeris japonica* (Burm. F.) Nakai

菊科Asteraceae　苦荬菜属

【别名】海苦菜、沙滩苦荬

多年生草本。全株无毛。具匍茎。基生叶莲座状，叶基部下延成叶柄，叶片匙状倒披针形，先端钝。头状花序；舌状花黄色。瘦果红棕色。花果期4～7月。

【分布】雷州（附城）、麻章（湖光）、东海岛等。不常见。

【生境】海边沙地、河口堤坝、虾塘基等。海水偶有浸淹的地方可生长。

海边荒地上的剪刀股

海边养殖塘基上的剪刀股

# 68.沙苦荬菜

*Ixeris repens* (L.) A. Gray

菊科Asteraceae　沙苦荬属

【别名】匍匐苦荬菜

多年生草本。植株光滑无毛。茎匍匐，茎节处具多数不定根，并向上长叶。叶具长柄；叶片一至二回掌状3～5裂，宽卵形。头状花序单生叶腋，有长花序梗；总苞圆柱状；舌状小花黄色。瘦果圆柱状，褐色。花果期5～11月。

【分布】遂溪（草潭）、东海岛等。少见。

【生境】海岸沙滩。海水偶有浸淹的地方可生长。

植株

遂溪草潭海滩上与滨鼠刺生长在一起的沙苦荬菜

# 69. 匐枝栓果菊

*Launaea sarmentosa* (Willd.) Sch. Bip. ex Kuntze

菊科Asteraceae　栓果菊属

【别名】蔓茎栓果菊

多年生草本。全株具乳汁。茎匍匐生长于地面，节生不定根。叶簇生于茎基部或节上，呈莲座状，倒披针形，全缘或羽状半裂至深裂；几无柄。头状花序单生于叶腋；舌状花舌片黄色。瘦果圆柱形，具4纵肋。花果期5～12月。

【分布】雷州半岛各地。常见。

【生境】海边沙地、河口堤坝等。海水偶有浸淹的地方可生长。

花枝

匍匐蔓延在海滩上的匐枝栓果菊

# 70. 卤地菊

*Melanthera prostrata* (Hemsley) W. L. Wagner et H. Robinson

菊科Asteraceae　卤地菊属

一年生匍匐草本。基部茎节具不定根，茎枝被短糙毛。叶无柄或柄短；叶片披针形或长圆状披针形，顶端钝，边缘有1～3对齿或全缘，具短糙毛。头状花序少数，单生茎顶或上部叶腋内；总苞近球形；黄色舌状花1层，舌片长圆形，顶端3浅裂；管状花黄色。瘦果倒卵状三棱形。花期6～10月。

【分布】遂溪（草潭）、东海岛、南三岛、雷州（乌石）等。少见。

【生境】海岸沙滩。海水偶有浸淹的地方可生长。

卤地菊的头状花序

东海岛海滩上与老鼠簕混生在一起的卤地菊

# 71.阔苞菊

*Pluchea indica* (L.) Less.

菊科Asteraceae　阔苞菊属

【别名】海艾叶

灌木。下部叶无柄或近无柄，倒卵形；中上部叶无柄，倒卵状长圆形。头状花序于枝顶端呈伞房花序排列；总苞卵形。瘦果圆柱形，具4棱。花果期几全年。

【分布】雷州半岛各地。常见。

【生境】喜生海边灌丛、河口堤坝、海水偶有浸淹的高潮带等。

花枝

东海西湾海堤上的阔苞菊

花果期以5～10月为主

在河口与假茉莉、鱼藤、桐花树等混生在一起的阔苞菊。阔苞菊适应性广，海水偶有浸淹的地方或者远离海边的淡水区域也可以生长

# 72.光梗阔苞菊

*Pluchea pteropoda* Hemsl.

菊科Asteraceae　阔苞菊属

【别名】翼柄阔苞菊、小阔苞菊

亚灌木。叶倒卵状匙形或倒卵形，顶端钝圆，基部渐狭并下延如翅状，边缘有粗锯齿；无柄。头状花序于枝端排成聚伞花序；花冠粉红色。瘦果圆柱形，4棱。花果期4～12月。

本种与阔苞菊的主要区别在于：植株较矮小；叶较肥厚且基部渐狭并下延如翅状等。

【分布】雷州半岛各地。较常见。

【生境】与阔苞菊基本相同，喜生海边灌丛、河口堤坝、海水偶有浸淹的高潮带等。

光梗阔苞菊与阔苞菊生境基本一致，但更耐阴和喜生长于较湿润的地方

花果枝：花果期以5～10月为主

红树林岸边草地上的光梗阔苞菊

# 73.蟛蜞菊

*Sphagneticola calendulacea* (L.) Pruski

菊科Asteraceae　蟛蜞菊属

【别名】小叶蟛蜞菊

多年生草本。茎匍匐，上部近直立。叶无柄，长圆形或线形，全缘或有1～3对疏齿，两面疏被糙毛。头状花序单生于枝顶或叶腋内；舌状花1层，黄色，舌片卵状长圆形；管状黄色。瘦果倒卵形。花期3～10月。

【分布】廉江（九洲江口）、雷州（附城）等。少见。

【生境】河口堤坝、养殖塘基等。海水偶有浸淹的地方可生长。

雷州附城土角村海边生长在铺地黍、盐地鼠尾粟丛中的蟛蜞菊

# 74.南美蟛蜞菊

*Sphagneticola trilobata* (L.) Pruski

菊科Asteraceae　蟛蜞菊属

【别名】三裂叶蟛蜞菊

多年生草本。茎横卧地面。叶对生，椭圆形，叶多3裂。头状花序，多单生；外围雌花1层，舌状，顶端2～3齿裂，黄色；中央两性花，黄色，结实。瘦果。花果期几全年。

与蟛蜞菊的主要区别在于：叶子较宽大且明显3裂。

【分布】外来入侵物种，原产南美洲。雷州半岛各地逸为野生。常见。

【生境】海边荒地、河口堤坝、养殖塘基等。海水偶有浸淹的地方可生长。

南美蟛蜞菊常成片生长，密密匝匝地铺在海边空地、养殖塘基上，侵占其他植物的生存空间

花枝

# 75.孪花菊

*Wollastonia biflora* (L.) Candolle

菊科Asteraceae　孪花菊属

【别名】双花蟛蜞菊

粗壮草本，常攀缘状。叶对生，边缘具多数锯齿，具三出主脉；下部叶多卵形，上部叶多披针形。头状花序腋生或顶生，常孪生；舌状花1层，黄色；管状花花冠黄色。瘦果倒卵形。花果期几全年。

【分布】雷州（九龙山）、麻章（湖光）、廉江（九洲江口）、东海岛等。区域常见。

【生境】海边湿地、河口堤坝等。海水偶有浸淹的地方可生长。

廉江九洲江口，与芦苇等混生的孪花菊

# 76.补血草

*Limonium sinense* (Girard) Kuntze

白花丹科Plumbaginaceae　补血草属

【别名】玉钱香、中华补血草

多年生草本。基生叶莲座状，倒披针形或匙形，长5～12厘米，宽1～2厘米。花瓣仅基部合生。蒴果圆柱状。花果期4～12月。

【分布】徐闻（和安）、雷州（附城、企水）、廉江（高桥）、遂溪（北潭）、东海岛等。少见。

【生境】喜生于高潮带靠海堤一侧滩涂、海堤上、木麻黄林下等，常与盐地鼠尾粟生长在一起。耐盐，海水偶有浸淹的地方可生长。

徐闻北莉岛红树林旁的补血草群落：受海水周期性浸淹

花

雷州企水海角村养殖塘基上的补血草：生长在海水偶有浸淹的位置

# 77.小草海桐

*Scaevola hainanensis* Hance

草海桐科Goodeniaceae　草海桐属

【别名】海南草海桐、小叶草海桐

蔓性常绿小灌木。叶多为簇生，螺旋状着生于小枝；叶片线状匙形，长1～3厘米，宽2～6毫米。核果长约5毫米，扁椭圆形。花果期以3～7月为主。

【分布】廉江（高桥、车板）、遂溪（北潭）、东海（西湾）、徐闻（西连）等。较少见。

【生境】高潮带地势较高的滩涂、海堤等。耐盐，海水周期性浸淹的高潮带也可生长。

花果期以3～7月为主

东海西湾，生长在海堤石缝中的小草海桐

花果枝

花枝

蔓延在河口滩涂上的小草海桐

# 78.草海桐

*Scaevola taccada* (Gaertner) Roxburgh

草海桐科Goodeniaceae　草海桐属

【别名】羊角树

多年生常绿亚灌木。叶倒披针形或匙形，螺旋状排列并集中枝顶。聚伞花序腋生。核果球形，直径约1厘米。花果期6～10月。

【分布】吴川（吴阳海岸）及东海岛、特呈岛、硇洲岛、罗斗沙等岛岸。区域常见。可作海岸观赏绿化植物。

【生境】喜生于沙质海岸和岩岸。耐盐，海水偶有浸淹的地方可生长。

花果枝

吴川吴阳海滩上的草海桐

每年的7～9月是草海桐的主要花果期（硇洲岛）

# 79.宿苞厚壳树

*Ehretia asperula* Zool. et Mor.

紫草科Boraginaceae　厚壳树属

攀缘灌木。枝粗糙，灰褐色。叶革质，宽椭圆形或长圆状椭圆形，全缘或上部具疏钝齿。聚伞花序顶生，伞房状，被淡褐色柔毛；苞片宿存；花冠白色，漏斗形。核果橘黄色。花果期7～12月。

【分布】麻章（湖光、太平）、东海岛、雷州（覃斗、附城、调风）、徐闻（西连）等。不常见。花纯白美丽，可作观赏植物种植。

【生境】村边、海边灌丛、养殖塘基等。

花果枝

花枝：8～9月为盛花期

麻章湖光海堤上的宿苞厚壳树

# 80.南方菟丝子

*Cuscuta australis* R. Br.

旋花科Convolvulaceae　菟丝子属

【别名】黄丝藤、涛藤

寄生草本。茎细圆，无根无叶，缠绕于寄主植物上吸取寄主营养生长。簇生聚伞或团伞花序；花淡黄色。蒴果球形，仅下半部被宿存花冠包围。花果期3～9月。

【分布】雷州半岛各地。区域常见。

【生境】村边灌丛、海边沙地、河口堤坝、木麻黄林下等。常攀缘在其他植物上。

果枝（攀缘在假茉莉上）

雷州乌石海滩，攀爬在厚藤上的南方菟丝子

# 81.假厚藤

*Ipomoea imperati* (Vahl) Grisebach

旋花科Convolvulaceae　番薯属

【别名】海滩牵牛

平卧藤本。节上生根。肉质叶互生，卵形、长圆形或长披针形，全缘或3～5裂。聚伞花序腋生；漏斗状花冠白色。蒴果。花果期5～12月。

本种与厚藤的主要区别在于：叶子较细小；花冠白色。

【分布】徐闻（角尾、西连）、雷州（纪家、流沙、乌石）、东海岛（龙海天）、遂溪（江洪）等。少见。

【生境】海边沙地。独自生长或与盐地鼠尾粟、起绒飘拂草等混生。

常与盐地鼠尾粟等混生

假厚藤的茎有时被沙掩埋，只剩叶片露出地面

匍匐蔓延在海滩上的假厚藤

# 82.厚藤

*Ipomoea pes-caprae* (L.) R. Brown

旋花科Convolvulaceae　番薯属

【别名】马鞍藤、海薯藤、鲎藤

多年生平卧藤本。厚纸质叶椭圆形或肾形，顶端凹陷如马鞍。腋生多歧聚伞花序；漏斗状花冠粉红色或淡紫色。蒴果球形。花果期全年。

【分布】雷州半岛各地。常见。

【生境】喜生于海边沙地、围田基、河口冲积滩、海堤坝、木麻黄林下等。海水偶有浸淹的地方可生长。

海边沙地上成片的厚藤：厚藤是很好的防风固沙植物

攀缘在石头海堤上的厚藤

果实

厚藤花期长（花果期几全年），花朵密集、颜色美艳，是很好的海岸绿化观赏植物

# 83.假马齿苋

*Bacopa monnieri* (L.) Wettst.

玄参科Scrophulariaceae　假马齿苋属

【别名】小对叶草、小对叶

多年生匍匐草本。无毛。节上生根。叶无柄。肉质，长椭圆状披针形，顶端圆钝。花单生叶腋；花被5裂，通常白色，稀浅蓝色；花丝白色；花柱1。蒴果包藏于宿存花萼内。花果期5～10月。

【分布】雷州半岛各地。常见。

【生境】水田、围田荒地、空旷潮湿沙地、养殖塘排水沟、河口冲积滩涂等。

荒弃围田上的假马齿苋，植株匍匐

在浅水湿地与假荸荠混生的假马齿，植株斜升

# 84.泥花草

*Lindernia antipoda* (L.) Alston

玄参科Scrophulariaceae　母草属

【别名】水虾仔草、羊角草

一年生草本。多分枝，基部匍匐；茎枝有沟纹。叶片矩圆形、狭披针形等，在河口咸淡水交汇区域其叶片几为条状披针形或线形。花多在茎枝之顶成总状着生；花萼仅基部联合，5齿裂，条状披针形；花冠多白色，偶有紫色。蒴果圆柱形，顶端渐尖，长为宿萼的2倍以上。花果期几全年。

【分布】雷州半岛各地。极常见，但仅在良垌河口咸淡水交汇区域发现叶片为条状披针形或线形的植株。

【生境】海边荒田、沟渠边等。较耐盐，海水偶有浸淹的湿地可生长。

高潮滩上与老鼠簕生长在一起的泥花草植株

海边荒弃围田上的泥花草

花果枝（咸淡水区域）

# 85.水蓑衣

*Hygrophila ringens* (L.) R. Brown ex Sprengel

爵床科Acanthaceae　水蓑衣属

【别名】草杜鹃、大花水蓑衣

草本。茎四棱形。叶纸质，叶形随生境变化大，有长椭圆形、披针形、线形，两端渐尖，先端钝；几无柄。花簇生于叶腋，无梗；苞片披针形；花萼圆筒状；花冠粉红色，被柔毛，上唇三角形，下唇长圆形。蒴果比宿存萼稍长。花果期夏秋季。

【分布】廉江（高桥、九洲江口、良垌鸡笼山）、徐闻（和安）、雷州（企水）等。区域常见。

【生境】多见于江河边湿地。在九洲江口、良垌河口等河水与海水交汇区域常形成较大优势群落。

水蓑衣是一种蜜源植物

花果枝

廉江营仔河口，水蓑衣与老鼠簕混生

# 86. 苦槛蓝

*Pentacoelium bontioides* Siebold et Zuccarini

苦槛蓝科Myoporaceae　苦槛蓝属

【别名】海香木

常绿灌木。小枝圆柱状，具略凸出的圆形叶痕。互生叶全缘，肥厚多汁，狭椭圆形至倒披针状椭圆形。花腋生；花萼5深裂，裂片卵状椭圆形，宿存；花冠漏斗状钟形，5裂，白色至淡粉色，有斑点；雄蕊着生于冠筒内面基部上方。核果卵球形，先端有小尖头，熟时淡紫褐色，内有5～8种子。花期1～3月，果期4～6月。

【分布】廉江（高桥、九洲江口、良垌鸡笼山）、遂溪（北潭至杨柑河口）等。不常见。

【生境】多见于海水偶有浸淹的高潮滩、河口冲积滩、海堤等。

果枝：果期4～6月。（苦槛蓝果实常受虫害，健康种子少，因缺少种源难以大量育苗

廉江高桥卖棹河口高潮位滩涂上的苦槛蓝：该种生长于海水偶有浸淹的高潮滩、河口冲积滩或海堤，由于近年来海堤建设等原因，种群破坏严重

花枝：花期1～3月

# 87.苦郎树

*Clerodendrum inerme* (Linn.) Gaertn.

马鞭草科Verbenaceae　大青属

【别名】假茉莉、许树

灌木，常平卧或攀缘。嫩枝四棱形。叶对生，卵形、椭圆形至椭圆状披针形，全缘，叶缘常反卷，叶两面散生黄色小腺点。聚伞花序常腋生；花萼钟状，萼檐5裂，果时截平；花冠白色，冠檐5裂；花丝紫色。核果倒卵形，宿萼杯状。花果期3～12月。

【分布】雷州半岛各地海岸。常见。

【生境】海边沙地、河口堤坝、围田基、木麻黄林下、潮间高潮带等。海水未曾到达的河道淡水区域和海水周期浸淹的高潮带均可生长。

海边灌丛中生长旺盛的苦郎树

花枝

果枝：果期10～12月

苦郎树花形似茉莉，别称“假茉莉”，其四季常绿，花期长、花浓而密、花形美丽，是很好海边绿化观赏植物

# 88.过江藤

*Phyla nodiflora* (L.) Greene

马鞭草科Verbenaceae　过江藤属

【别名】苦舌草、过江龙

多年生匍匐草本。茎多分枝，被毛。叶倒卵形或倒披针形。穗状花序；花萼膜质；花冠白色至粉红色。果熟时淡黄色。花果期5～10月。

【分布】雷州（九龙山、乌石）、麻章（湖光）、徐闻（和安、角尾）等。区域常见。

【生境】海边沙地、河口冲积滩、围田荒地等潮湿之地。海水偶有浸淹的地方可生长。

花果枝

麻章湖光海堤上成片生长的过江藤

# 89.伞序臭黄荆

*Premna serratifolia* L.

马鞭草科Verbenaceae　豆腐柴属

【别名】臭娘子、钝叶臭黄荆

灌木至小乔木。小枝具黄色皮孔。近革质叶长圆状倒卵形。聚伞花序伞房状；花萼杯状，萼檐两唇形，上唇2齿裂；花冠淡黄色。核果近球形，熟时紫黑色。花果期5～10月。

【分布】雷州（九龙山、南渡河口）、徐闻（和安、西连）、遂溪（北潭）、廉江（高桥河口、鸡笼山、东海岛）等。区域常见。

【生境】村边灌丛、河口堤坝、虾塘基等。海水偶有浸淹的地方可生长。

花果枝

果枝

海边灌丛中与芦苇、苦郎树等混生的伞序臭黄荆

# 90.单叶蔓荆

*Vitex rotundifolia* L. f.

马鞭草科Verbenaceae　牡荆属

【别名】蔓荆子

匍匐状灌木。节上生根。单叶对生或3叶轮生；叶倒卵形。圆锥花序顶生；花萼钟形；花冠二唇形，淡紫色或紫色。核果圆形。花果期6～12月。

【分布】雷州半岛各地。区域常见。

【生境】海边沙地、木麻黄林下等。海水偶有浸淹的地方可生长。

花枝：单叶蔓荆是理想的海岸沙地绿化植物，其花美艳，也是很好的赏花植物

果枝：果期8～12月

海边沙地上与厚藤等混生的单叶蔓荆

# 91. 蔓荆

*Vitex trifolia* L.

马鞭草科Verbenaceae　牡荆属

【别名】三叶蔓荆

灌木。三出复叶，侧生枝偶见单叶。顶生聚伞花序排列成圆锥式；花萼钟状，萼檐5浅裂；花冠蓝紫色，二唇形，上唇2裂，下唇3裂。核果球形，熟时黑色。花果期6～11月。

本种与单叶蔓荆的主要区别在于：植株高大、叶具3小叶等。

【分布】廉江（车板、九洲江口）、麻章（湖光）、东海岛等。少见。

【生境】海边灌丛、海滩、河口堤坝等。海水偶有浸淹的地方可生长。

花枝

海边杂灌中与苦郎树等混生的蔓荆

# 92.须叶藤

*Flagellaria indica* L.

须叶藤科Flagellariaceae　须叶藤属

【别名】鞭藤、藤竹仔

多年生攀缘植物。叶2列，披针形基部圆形，顶端渐狭成一扁平、盘卷的卷须。圆锥花序顶生，直立；花无梗，有特殊气味。核果球形，成熟时红色。花果期4～12月。

【分布】廉江（良垌鸡笼山）、雷州（九龙山）。少见。

【生境】喜生河口湿地、堤坝基脚等潮湿之地，常攀缘在其他红树林植物上。海水偶有浸淹的地方可生长。

果枝

攀缘在海边灌丛中的须叶藤

# 93.水烛

*Typha angustifolia* L.

香蒲科Typhaceae　香蒲属

【别名】蜡烛草

多年生水生或沼生草本。地上茎直立。叶片上部扁平，中部以下腹面微凹，背面隆起。花单性，雌雄同株；雌雄花序相距3～7厘米，雌花序较长。小坚果长椭圆形，纵裂。花果期6～11月。

本种与香蒲*Typha orientalis* Presl的主要区别在于：雌雄花序相离2厘米以上，而香蒲雌雄花序紧密连接。

【分布】麻章（湖光、太平）、东海（民安、硇洲岛）、徐闻（和安）等。不常见。

【生境】海边沼泽地、荒废养殖塘等。

徐闻和安北莉岛，荒废的海水养殖塘里生长茂盛的水烛和芦苇

在廉江高桥德耀海岸也发现了水烛近似种香蒲与水烛混生，但数量较少（近处较低矮的为香蒲）

香蒲

麻章湖光东海大桥下湿地上的水烛

# 94. 文殊兰

*Crinum asiaticum* var. *sinicum* (Roxb. ex Herb.) Baker

石蒜科Amaryllidaceae　文殊兰属

【别名】白花石蒜、大蒜头、毒蒜头

多年生粗壮草本。鳞茎长柱形。叶带状长披针形。花茎直立；伞形花序；佛焰苞状总苞片披针状，小苞狭线形；花高脚碟状，绿白色。蒴果倒卵形或近球形。花果期4～12月。

【分布】原产印度尼西亚。雷州（九龙山）、廉江（高桥河口、九洲江口）、徐闻（和安）、东海岛（西湾）、特呈岛等。少见。

【生境】海边沙地、河口堤坝、木麻黄林下等。海水偶有浸淹的地方可生长。

6月中旬，廉江良垌鸡笼山养殖塘边空地上的文殊兰正值花期

11月上旬，廉江九洲江口，文殊兰长长的果序柄先端长满了近圆形的果实

# 95.椰子

*Cocos nucifera* L.

棕榈科Arecaceae　椰子属

【别名】可可椰子、椰树

乔木状。茎粗壮，有环状叶痕。叶羽状全裂，革质，线状披针形。花序腋生；佛焰苞纺锤形。果卵球状或近球形，顶端微三棱；中果皮纤维质厚；内果皮木质坚硬，基部具3孔；胚芽萌发时由其中一孔穿出；果腔具胚乳、胚、汁液。花果期几全年。

【分布】沿海各海岛、徐闻（三墩、西连）等。半岛南部较常见。多为人工种植。

【生境】沙质海岸、海堤、海边村庄等。

幼果：花果期几全年

徐闻三墩的椰树（人工种植）

# 96.露兜树

*Pandanus tectorius* Parkinson ex Du Roi

露兜树科Pandanaceae　露兜树属

【别名】假菠萝、高脚簕古

常绿分枝灌木。具多分枝或不分枝的气根。革质叶簇生于枝顶，3行紧密螺旋状排列，先端尾尖；叶缘、叶背中脉具粗壮锐刺。雄花序由若干穗状花序组成；雌花为头状花序，单生于枝顶；佛焰苞多枚，心皮5～12枚合为一束。聚合果近圆形，大而下垂，熟时橙黄色或偏红色。花果期全年。

【分布】雷州半岛各地。较常见。

【生境】海边沙地、河口堤坝等。海水偶有浸淹的地方可生长。

沙质海滩上生长在老鼠艻丛中的露兜树

果枝：形似菠萝的聚合果

露兜树是理想的海岸防风固沙植物

# 97.辐射穗砖子苗

*Cyperus radians* Nees et C. A. Mey. ex Nees

莎草科Cyperaceae　莎草属

【别名】辐射砖子苗

多年生草本。根状茎极短。钝三棱形茎丛生，平滑。叶厚而稍硬，常向内折合。长侧枝聚伞花序简单或复出；头状花序由小穗密集而成；小穗卵形或长披针形，穗轴宽而无翅；鳞片紧密，阔卵形，背中部龙骨状凸起。三棱状小坚果椭圆形。抽穗期5～10月。

【分布】东海岛、南三岛、特呈岛、徐闻（和安）等。区域常见。

【生境】海边沙地、木麻黄林下等。海水偶有浸淹的地方可生长。

7月前后是辐射穗砖子苗的主要抽穗期

特呈岛海滩上的辐射穗砖子苗

木麻黄林下的辐射砖子苗

# 98.粗根茎莎草

*Cyperus stoloniferus* Retz.

莎草科Cyperaceae　莎草属

【别名】咸水香附、咸水芋头草

多年生草本。根状茎匍匐而细长，具褐色、卵状的坚硬块茎。三棱状茎散生，基部呈块茎状。穗状花序阔卵形；小穗排列疏松，卵状椭圆形，轴有线形翅；鳞片覆瓦状排列。黑色小坚果椭圆形或倒卵形。抽穗期4～12月。

【分布】雷州半岛各地。常见。

【生境】喜生海边沙地、河口堤坝、虾池基等。常在高潮带靠岸一侧形成优势种群。

海边养殖塘基上的粗根茎莎草

花枝：粗根茎莎草的小穗长圆状披针形，较香附子的线形小穗粗硬

海滩上的粗根茎莎草常成片生长，在海岸沙滩上形成优势种群

# 99.荸荠

*Eleocharis dulcis* (Burm. f.) Trin. ex Hensch.

莎草科Cyperaceae　荸荠属

【别名】野荸荠、木贼状荸荠

多年生草本。具匍匐根状茎。茎丛生，圆柱形，具横隔。直立小穗长圆柱状，直径3毫米，基部具2枚鳞片状小总苞片，下部一枚具短鞘；鳞片疏松螺旋状排列，长圆形。倒卵形小坚果黄褐色，表面有六角形网纹，顶端收狭；花柱基向上渐狭成三角形。花果期6～11月。

【分布】雷州半岛各地。区域常见。

【生境】近海荒水田、沟渠边等。较耐盐，常见于海水偶有浸淹的围田等。

廉江高桥红寨围潮沟中的荸荠

小穗：9～10月是荸荠的主要抽穗期

廉江营仔荒弃海水养殖塘上的荸荠

# 100.黑籽荸荠

*Eleocharis geniculata* (L.) Roemer et Schultes

莎草科Cyperaceae　荸荠属

一年生草本。秆多数，丛生，具肋条和纵槽。小穗卵球形，顶端钝，密生多数花。小坚果宽卵形，双凸状。花果期3~9月。

【分布】廉江（高桥、九洲江口）等。少见。

【生境】较耐盐，见于海水偶有浸淹的水田、荒草地等。

廉江高桥红寨围荒弃围田湿地上的黑籽荸荠

廉江高桥海边荒草地上的黑籽荸荠

小穗

# 101. 贝壳叶荸荠

*Eleocharis retroflexa* (Poiret) Urban

莎草科Cyperaceae　荸荠属

多年生草本。秆丛生，四棱柱状，弯曲，细软。阔卵形叶鳞片状，膜质，折合呈贝壳状。小穗卵形，长4毫米，宽2毫米，稍扁，紫红色，在小穗下部的若干鳞片近两行排列，其余鳞片螺旋状排列。小坚果宽倒卵形。花果期10～12月。

【分布】雷州半岛各地。区域常见。

【生境】近海荒草地、盐碱地、沟渠边等。

小穗

廉江高桥红寨围荒草地上的贝壳叶荸荠

# 102.螺旋鳞荸荠

*Eleocharis spiralis* (Rottboll) Roemer et Schultes

莎草科Cyperaceae　荸荠属

【别名】咸水三角草

多年生草本。锐三棱形秆多数，丛生，劲直，无横隔膜和节，淡绿色。紫色叶鞘膜质。直立小穗圆柱状，长约3厘米，顶端急尖或钝，小穗基部只有一枚不育鳞片，抱小穗基部一周。倒卵形小坚果黑褐色。花果期8～12月。

【分布】廉江（高桥、营仔）、遂溪（界炮）、雷州（纪家）等。不常见。

【生境】较耐盐，见于海水偶有浸淹的围田、沟渠等。

廉江高桥红寨围，海水倒灌后荒废围田里生长着成片的螺旋鳞荸荠

小穗

廉江高桥，河口咸淡水交汇处荒水田上的螺旋鳞荸荠

# 103.黑果飘拂草

*Fimbristylis cymosa* (Lam.) R. Br.

莎草科Cyperaceae　飘拂草属

【别名】佛焰苞飘拂草

根状茎短。秆扁钝三棱形。叶厚实坚硬，边缘有细锯齿。长侧枝聚伞花序；小穗多数簇生成头状，长圆形或卵形，顶端纯，无小穗柄。小坚果宽倒卵状三棱形，表面网纹呈方形，熟时紫黑色。花果期5～11月。

【分布】东海岛、坡头（乾塘）、雷州（九龙山、附城、企水）、徐闻（和安）、遂溪（北潭）、廉江（高桥）等。区域常见。雷州半岛分布的多为其变种佛焰苞飘拂草*Fimbristylis cymosa* var. *Spathacea* (Roth) T. koyama。

【生境】喜生海边沙地、虾池基等。海水偶有浸淹的地方可生长。

海边沙地上的黑果飘拂草

聚伞花序

坡头乾塘三合窝海滩上的黑果飘拂草

# 104.细叶飘拂草

*Fimbristylis polytrichoides* (Retz.) Vahl

莎草科Cyperaceae　飘拂草属

多年生草本。秆密丛生，高10～30厘米，圆柱形，具纵槽，基部具少数叶。叶短。小穗单个顶生，长圆形，长6～10毫米，宽3毫米。小坚果倒卵形，具疣状凸起和横长圆形网纹。抽穗期3～9月。

【分布】东海岛、麻章（湖光、太平）、坡头（乾塘）、廉江（高桥、营仔）等。不常见。

【生境】喜生海边湿润泥质地、盐田边、码头旁空地等。海水偶有浸淹的地方可生长。

麻章湖光红树林高潮滩上的细叶飘拂草：常常在高潮带、海边湿润的泥质地上形成优势种群

小穗

麻章湖光海堤岩石缝中的细叶飘拂草

# 105.绢毛飘拂草

*Fimbristylis sericea* (Poir.) R. Br.

莎草科Cyperaceae　飘拂草属

多年生草本。植株各部被白色绢毛。根状茎匍匐状。茎钝三棱形，散生。叶线形。长侧枝聚伞花序简单；小穗长圆形，灰色至浅棕色，3～10个聚生呈头状。小坚果成熟时灰黑色。5～10月抽穗。

【分布】东海岛、坡头（乾塘）、雷州（东里、企水）、徐闻（和安）、遂溪（北潭）等。区域常见。

【生境】喜生海边沙地、海堤基等。海水偶有浸淹的地方可生长。

遂溪草潭海滩上的绢毛飘拂草

海边荒地上的绢毛飘拂草

聚伞花序

# 106.锈鳞飘拂草

*Fimbristylis sieboldii* Miq.

莎草科Cyperaceae　飘拂草属

【别名】海丝草

多年生草本。木质根状茎短而横生。扁三棱形茎多数，具纵槽纹。叶线形。长侧枝聚伞花序；小穗单生，长圆形或卵状长圆形，穗轴具狭翅，鳞片卵形至椭圆形。棕色小坚果倒卵形，扁双凸状。抽穗期4～11月。

【分布】雷州半岛各地海边。常见。

【生境】高潮滩、海边围田、沙地、河口堤坝等。海水偶有浸淹的地方可生长。

小穗

锈鳞飘拂草丛生植株

坡头乾塘三合窝海边湿地上的锈鳞飘拂草：小区域形成优势种群

# 107.巴拉草

*Brachiaria mutica* (Forsk.) Stapf

禾本科Poaceae　臂形草属

多年生草本。秆粗壮，节上有毛。叶鞘长12厘米，鞘口有毛；叶两面光滑，基部有毛。圆锥花序由10～15枚总状花序组成。颖果长椭圆形，黄褐色。花果期9～12月。

【分布】原产美国、非洲等地，以牧草引进，逸为野生。遂溪（建新河口）、廉江（九洲江口）等。区域常见。

【生境】河口高潮滩涂，与芦苇、卤蕨等混生。耐盐，海水偶有浸淹的地方可生长。植株粗壮旺盛且能攀爬，有蔓延趋势。

花序

节间生长毛

廉江九洲江口，巴拉草混生在芦苇、卤蕨丛中

# 108.孟仁草

*Chloris barbata* Sw.

禾本科Poaceae　虎尾草属

【别名】虎尾草

一年生草本。秆直立。叶鞘两侧压扁，背部具脊；叶片线形，扁平。穗状花序6～11，指状簇生于秆顶。花果期4～9月。

【分布】雷州半岛各地。较常见。

【生境】喜生海边沙地、河口堤坝、虾塘基等。海水偶有浸淹的地方可生长。

穗状花序6～11，指状簇生于秆顶，较柔软而披散

海边沙地上的孟仁草：与台湾虎尾草不同，它的叶片扁平、小穗轴不显露

# 109. 台湾虎尾草

*Chloris formosana* (Honda) Keng

禾本科Poaceae　虎尾草属

【别名】虎尾草

一年生草本。叶鞘两侧压扁，背部具脊；叶片线形，对折。穗状花序6～11。颖果纺锤形。花果期6～12月。

本种与孟仁草的主要区别在于：其叶常对折；花疏离而其间小穗轴显露。

【分布】雷州半岛各地。较常见。

【生境】喜生海边沙地、河口堤坝、虾塘基等。海水偶有浸淹的地方可生长。

虎尾草属植物多个穗状花序簇生于秆顶，形似老虎尾巴，因此得名

海边养殖塘基上的台湾虎尾草：它的叶片经常对折，花秆较高，穗状花序硬直，野外易于和孟仁草区别

# 110.薏苡

*Coix lacryma-jobi* L.

禾本科Poaceae　薏苡属

【别名】佛珠草

一年生粗壮草本。秆直立，丛生，节多分枝。叶鞘短于其节间；叶片扁平宽大。总状花序腋生成束，具长梗；雌小穗位于花序之下部，外面包以骨质念珠状之总苞，卵圆形，坚硬而有光泽。颖果小。花果期6～12月。

【分布】雷州半岛各地。不常见。

【生境】浅水塘、水沟边、河口冲积湿地等。在九洲江口高潮滩上与老鼠簕、水蓑衣等混生。

雌小穗位于花序之下部，外面包以骨质念珠状之总苞

廉江九洲江口潮滩上的薏苡

# 111.海雀稗

*Paspalum vaginatum* Sw.

禾本科Poaceae　雀稗属

【别名】海水草

多年生草本。叶片线形，顶端渐尖，内卷。总状花序大多2枚对生，稀1或3枚，直立后开展或反折。颖果长椭圆形。花果期6～11月。

【分布】雷州半岛各地海边。常见。

【生境】海边荒弃围田、浅水塘、排水沟边等近海湿地。海水浸淹的地方可生长。

海雀稗总状花序大多2枚对生，花富含花粉，是粉源植物

生长在海边荒弃虾池里的海雀稗

# 112. 卡开芦

*Phragmites karka* (Retz.) Trin

禾本科Poaceae　芦苇属

【别名】水芦

多年生高大草本。节具多数不定根。秆高大直立，粗壮而不分枝。叶片扁平宽广，下面与边缘粗糙。圆锥花序大型并具稠密分枝和小穗；分枝多数轮生于主轴各节，斜升或开展。颖果椭圆形。花果期9月至翌年1月。

【分布】雷州半岛各地海边。少见。

【生境】喜生于河口两岸、海堤基等。海水偶有浸淹的地方可生长。

廉江九洲江口海堤上的卡开芦

卡开芦圆锥花序分枝多数轮生于主轴各节，斜升或开展

# 113.老鼠艻

*Spinifex littoreus* (Burm. F.) Merr.

禾本科Poaceae　鬣刺属

【别名】鬣刺、滨刺草

多年生草本。须根长而坚韧。秆粗壮，表面被蜡质，平卧地面后向上直立。坚厚叶片线形，下部对折，上部卷合如针状。雄穗轴生数枚雄小穗，先端延伸于顶生小穗之上而成针状；雌穗轴针状。颖果长圆形。花果期5～11月。

【分布】东海岛、徐闻（和安、锦和、前山）、雷州（企水、乌石、东里）、坡头（南三）等。区域常见。

【生境】常见于海边沙质海滩。

雷州企水海角村海滩上的老鼠艻

老鼠艻雌花序：由许多小花穗集合成圆球状，成熟时花梗先端的关节断裂，在海滩上随风滚动

# 114. 沟叶结缕草

*Zoysia matrella* (L.) Merr.

禾本科Poaceae　结缕草属

【别名】马尼拉草

多年生草本。根茎横走。秆直立，基部节间短，每节具分枝。叶鞘长于节间；叶片较硬，内卷，先端尖锐。总状花序呈细柱形，紧贴穗轴；小穗长卵状披针形，黄褐色或略带紫褐色。颖果长卵形，棕褐色。花果期10月至翌年3月。

【分布】雷州半岛各地海边。不常见。

【生境】海边荒地、海堤脚、高潮滩等。与盐地鼠尾粟生境接近或更靠陆地一侧。海水浸淹的地方可生长。

花序

生长在高桥红树林海堤脚下的沟叶结缕草

其他滨海生境指最高潮水线

往陆地方向**500**米的范围内的区域。

本部分详细记录**286**种滨海植物。

第三部分 03

# 其他滨海植物

植株

能育羽片

## 1.曲轴海金沙

*Lygodium flexuosum* (L.) Sw.

海金沙科Lygodiaceae　海金沙属

植株攀缘。叶革质，三回羽状，羽片多数，对生于叶轴短距，向两侧平展；不育羽片与能育羽片呈一形，均为长圆状三角形；小羽片基部3裂，顶端通常不育，末回小羽片基部无关节。孢子囊穗棕褐色，线形，长约6毫米。

【分布】雷州（九龙山）、廉江（高桥河口、鸡笼山）等。不常见。

【生境】海岸荒地、海堤、河口堤坝等。

## 2.海金沙

*Lygodium japonicum* (Thunb.) Sw.

海金沙科Lygodiaceae　海金沙属

攀缘植物。叶羽片多数，对生于叶轴上的短距两侧；能育羽片卵状三角形，长宽几相等，二回羽状；一回小羽片长圆披针形，二回小羽卵状三角形，羽状深裂，末回小羽片的基部无关节；不育羽片与能育羽片呈二型。孢子囊穗长度过小羽片中央不育部分，排列稀疏，暗褐色。

【分布】雷州（九龙山）、廉江（高桥河口、鸡笼山）等。不常见。

【生境】海堤、河口堤坝。

能育羽片

植株

九洲江口，攀缘在卤蕨上的小叶海金沙

二回羽状复叶（能育羽片）

## 3.小叶海金沙

*Lygodium microphyllum* (Cav.) R. B.

海金沙科Lygodiaceae　海金沙属

攀缘或蔓生。叶薄草质，二回羽状；羽片多数，末回小羽片基部有膨大的关节；不育羽片生于叶轴下部，长圆形；能育羽片末回小羽片形小，常呈三角形。孢子囊穗排列于叶缘，到达先端。

【分布】雷州（九龙山）、廉江（高桥河口、鸡笼山）、东海岛、南三岛等。常见。

【生境】海边灌丛、海堤、河口堤坝、木麻黄林下等。

## 4.毛蕨

*Cyclosorus interruptus* (Willd.) H. Ito

金星蕨科Thelypteridaceae　毛蕨属

根状茎横走。叶疏生；叶柄光滑；叶片卵状披针形，二回羽裂。孢子囊圆形，生于侧脉中部，每裂片5～9对，下部1～2对小脉不育，在羽轴两侧各形成一条不育带。

【分布】雷州半岛沿海各地。常见。

【生境】近海荒水田、排水沟边、河口冲积滩涂等。

能育羽片
鉴江河口成片生长的毛蕨群落

## 5.水蕨

*Ceratopteris thalictroides* (L.) Brongn.

水蕨科Parkeriaceae　水蕨属

植株幼时绿色。二型叶簇生，不育叶绿色，圆柱形，肉质，狭长圆形，一至三回羽状深裂；能育叶叶片长圆形或卵状三角形，二至三回羽状深裂。棕色的孢子囊沿能育叶裂片主脉两侧的网眼着生。

【分布】雷州（附城）、南三岛、麻章（太平、湖光）、廉江（高桥、营仔、良垌）、遂溪（杨柑）等。不常见。

【生境】近海荒水田、排水沟边等。

高桥河口海边荒田，水蕨和卤蕨、短叶茳芏等混生在一起

幼嫩时的水蕨植株

## 6.肾蕨

*Nephrolepis cordifolia* (L.) C. Presl

肾蕨科Nephrolepidaceae　肾蕨属

附生或土生。匍匐茎上生有近圆形的块茎，密被鳞片。叶簇生；叶片线状披针形，一回羽状；羽片互生，常密集而呈覆瓦状排列，基部心形而不对称。孢子囊群位于主脉两侧，肾形。

【分布】雷州（九龙山、企水）、廉江（高桥、良垌鸡笼山）、东海岛（西湾）、南三岛（蓝田）等。不常见。

【生境】岩石海岸、海堤、海岛林下阴凉潮湿地带等。

廉江鸡笼山银叶树林下的肾蕨群落

东海岛西湾海堤上与木麻黄生长在一起的肾蕨

## 7.无根藤

*Cassytha filiformis* L.

樟科Lauraceae　无根藤属

【别名】潺藤、青丝寄生藤

寄生、缠绕藤本。茎具黏液。叶退化鳞片状。穗状花序腋生。浆果肉质、球形。花果期4～11月。

【分布】雷州（九龙山）、廉江（高桥河口）、东海岛等。常见。

【生境】海边灌丛、河口堤坝、木麻黄林下等。海水偶有浸淹的地方可生长。

花果期夏秋季

高桥河口攀缘在假茉莉和桐花树上的无根藤

## 8.潺槁木姜子

*Litsea glutinosa* (Lour.) C. B. Rob.

樟科Lauraceae　木姜子属

【别名】潺槁树、胶木

常绿小乔木或乔木。树皮灰褐色。叶互生，革质，倒卵形或椭圆状披针形。伞形花序生于枝顶叶腋；花淡黄色。果球形，熟时黑色。花果期5～11月。

【分布】雷州半岛各地。区域常见。

【生境】喜生海边灌丛、河口堤坝等。

花枝

海堤上与红树植物混生的潺槁木姜子

## 9.假鹰爪

*Desmos chinensis* Lour.

番荔枝科Annonaceae　假鹰爪属

【别名】鸡爪枫、酒饼藤

攀缘灌木。叶全缘，长圆形或椭圆形。花单生，黄白色或淡绿色，具芳香味。成熟心皮念珠状。花果期4～10月。

【分布】雷州（九龙山）、廉江（高桥河口、鸡笼山）、徐闻（西连）、东海岛等。花美如灯笼，香气浓郁，可作观赏植物栽培。区域常见。

【生境】喜生海边灌丛、河口堤坝等。

花似悬挂着的灯笼

植株

## 10.黄花草

*Arivela viscosa* (L.) Raf

白花菜科Capparidaceae　黄花草属

【别名】臭矢菜

一年生直立草本。茎有纵细槽纹，全株密被黏质腺毛，植株有臭味。叶为掌状复叶；小叶薄草质；无托叶。花单生于叶腋内，近顶端则呈总状或伞房状花序；花瓣黄色。果圆柱形，密被腺毛。花果期7～11月。

【分布】雷州半岛各地。常见。

【生境】海边荒地、河口堤坝、木麻黄林下等。

花果

徐闻和安海堤上，黄花草与厚藤混生

## 11.皱子白花菜

*Cleome rutidosperma* DC.

白花菜科Capparidaceae　鸟足菜属

一年生草本。茎直立或平卧，分枝疏散。叶具3小叶，小叶椭圆状披针形，中间小叶最大。花单生于茎上部叶片较小的叶腋内；花萼绿色；花瓣常淡紫色或偏白。果线柱形，表面微呈念珠状，顶端有喙；果瓣质薄，两侧开裂。花果期5～10月。

【分布】廉江（高桥、营仔）、遂溪（杨柑）、雷州（企水）、徐闻（和安、迈陈）等地。不常见。

【生境】喜生海边沙地、木麻黄林下等。

花果枝

雷州企水海角村红树林边沙质荒地上的皱子白花菜

## 12.北美独行菜

*Lepidium virginicum* L.

十字花科Brassicaceae　独行菜属

【别名】辣菜、星星菜

一至二年生草本。茎直立。总状花序顶生；花白色；萼片椭圆形；花瓣倒卵形。短角果近圆形，扁平有窄翅。花期4～7月，果期8月至翌年3月。

麻章湖光镇海堤上的北美独行菜，属外来归化植物

【分布】原产美洲，现在我国归化。雷州（南渡河口）、麻章（湖光、太平）、东海岛等。不常见。

【生境】海边沙地、河口堤坝、杂草丛等。

廉江高桥红树林岸边与假茉莉、刺果苏木混生的落地生根

## 13.落地生根

*Bryophyllum pinnatum* (L. f.) Oken

景天科Crassulaceae　落地生根属

【别名】落叶生根、灯笼花、斩千刀

多年生草本。单叶或羽状复叶对生；小叶长圆形至椭圆形，边缘具圆齿，成熟叶长不定芽，落地后长成新植株。圆锥花序顶生；花萼钟形；花冠高脚碟形，淡红色或紫红色；蓇葖包在花萼及花冠内。花果期1～5月。

【分布】雷州（九龙山）、廉江（高桥河口）、东海岛等。不常见。可作观赏植物栽培。

【生境】海边沙地、河口堤坝、木麻黄林下等。

## 14.无茎粟米草

*Mollugo nudicaulis* Lam.

粟米草科Molluginaceae　粟米草属

【别名】裸茎粟米草

一年生草本。无毛。叶全部基生，叶片椭圆状匙形或倒卵状匙形，顶端圆钝，基部渐狭。二歧聚伞花序；花黄白色。蒴果近圆形。花果期几全年。

【分布】雷州（九龙山、企水、乌石）、徐闻（角尾、西连）等。半岛南部常见。

【生境】海边沙地、木麻黄林下等。

徐闻角尾生长在石砾海岸的无茎粟米草

植株

## 15.种棱粟米草

*Mollugo verticillata* L.

粟米草科Molluginaceae　粟米草属

【别名】多棱粟米草、轮叶粟米草

铺散草本。叶倒卵形或倒卵状匙形，茎生叶3～7片假轮生。花淡白色；花被片5。蒴果近球形，3瓣裂。花果期6～12月。

【分布】廉江（高桥、营仔）、遂溪（杨柑）、东海岛、雷州（附城、企水、乌石）、徐闻（和安）等。较常见。

【生境】海边沙地、旷地，海边村庄等。

花枝

东海岛西湾村海滩上的种棱粟米草

## 16.马齿苋

*Portulaca oleracea* L.

马齿苋科Portulacaceae　马齿苋属

【别名】鱼鳞菜

一年生草本。全株无毛。茎淡绿或带暗红色，多分枝而散铺。叶互生，扁平肥厚，倒卵形先端钝圆或平截，基部楔形；叶柄粗短。花无梗，常3～5花簇生枝顶，午时盛花；花黄色，瓣基部联合；雄蕊8，花药黄色。蒴果。种子黑褐色。花果期夏秋季。

【分布】雷州半岛各地。常见。

【生境】海边围田、菜地、潮湿沙滩等。

雷州企水海滩上的马齿苋

马齿苋在上午开花

## 17.杠板归

*Polygonum perfoliatum* L.

蓼科Polygonaceae　萹蓄属

【别名】犁头刺

一年生攀缘草本。茎具纵棱，棱上疏生倒刺。叶三角形，叶背沿叶脉疏生皮刺；托叶鞘叶状，贯茎。总状花序；白绿色花被5深裂。瘦果球形，黑色。花果期6～11月。

【分布】雷州（九龙山）、徐闻（和安）、廉江（高桥河口、良垌河口、九洲江口）、遂溪（北潭）、东海岛等。不常见。

【生境】海边沙地、村边灌丛、河口两岸。海水偶有浸淹的地方可生长。

杠板归的托叶鞘叶状，茎贯穿其中，像"杠板"，名字由此而来；果熟时，粉红色至蓝黑色的宿存花被包着里面黑色的瘦果

植株

## 18.长刺酸模

*Rumex trisetifer* Stokes

蓼科Polygonaceae　酸模属

麻章湖光海边与南方碱蓬等生长在一起的长刺酸模

一年生草本。茎直立，具沟槽，褐色，分枝展开。茎下部叶长圆形或披针状长圆形，茎上部的叶较小，狭披针形。顶生和腋生的总状花序组成大型圆锥状花序；花两性，多花轮生，黄绿色。黄褐色瘦果椭圆形，具3锐棱，两端尖。花期5～6月，果期6～7月。

【分布】廉江（高桥河口、良垌河口、九洲江口）、遂溪（杨柑河口）、雷州湾沿岸等。区域常见。

【生境】海边空地、河口两岸冲积滩涂等。

## 19.土荆芥

*Dysphania ambrosioides* (L.) Mosyakin et Clemants

藜科Chenopodiaceae　藜属

一年生或多年生草本。植株有烈味。茎直立而多分枝，条棱钝。叶片边缘具锯齿，叶下面具油点。果扁球形，包于宿存花被内。花果期4～11月。

【分布】雷州半岛各地。较常见。

【生境】村边、路边，荒田、河口湿地等。

廉江九洲江口冲积滩上的土荆芥

## 20.土牛膝

*Achyranthes aspera* L.

苋科Amaranthaceae　牛膝属

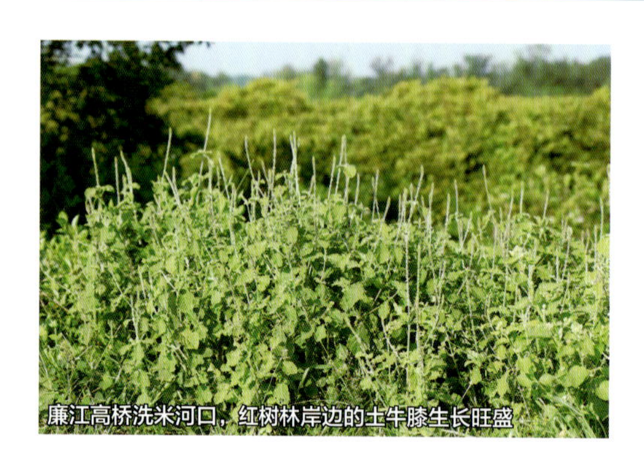

廉江高桥洗米河口，红树林岸边的土牛膝生长旺盛

【别名】反钩草、牛鞭草

多年生草本。茎四棱形，节部稍膨大，分枝对生。叶片纸质，宽卵状倒卵形，顶端圆钝，有时具突尖，波状缘，常被柔毛。穗状花序顶生，直立；总花梗具棱角；花常带紫色。胞果卵形。种子卵形，棕色。花期6～10月，果期10～11月。

【分布】雷州半岛各地。常见。

【生境】海边荒地、河口堤坝、虾池基、木麻黄林下等。常单独形成群落。

## 21.华莲子草

*Alternanthera paronychioides* A. Saint-Hilaire

苋科Amaranthaceae　莲子草属

【别名】美洲虾钳菜

一年生草本。茎簇生，嫩枝被白柔毛，具细纵棱，对生叶椭圆状卵形或倒卵形；穗状花序1～3枚生于叶腋，总花梗无；胞果扁球状倒心形。花果期2～9月。

麻章湖光红树林旁，生长在海堤上的华莲子草

【分布】原产南美洲。雷州（调风、附城）、麻章（湖光、太平）、东海岛等。区域常见。

【生境】海堤、围田空地、养殖塘基等。

## 22.刺花莲子草

*Alternanthera pungens* H. B. K.

苋科Amaranthaceae 莲子草属

一年生匍匐草本。茎披散，多分枝，密生伏贴白硬毛。叶片卵形、倒卵形，顶端钝，基部渐狭。头状花序无总花梗，腋生；苞片披针形，顶端有锐刺；基部花被片花期后变硬，中脉伸出成锐刺。胞果宽椭圆形，褐色，极扁平，顶端截形或稍凹。花果期5～8月。

【分布】原产南美洲。雷州半岛南部的徐闻（海安、角尾）。区域常见。

【生境】海边空地。

徐闻五里山港海边空地上的刺花莲子草

## 23.莲子草

*Alternanthera sessilis* (L.) R. Br. ex DC.

苋科Amaranthaceae 莲子草属

【别名】虾钳菜、鸡肠菜

多年生匍匐草本。叶披针形。头状花序1～4个腋生，白色，无总花梗；花发育雄蕊仅3枚。胞果倒心形，具狭翅。花果期全年。

【分布】雷州半岛各地。常见。

【生境】海边围田湿地、河口湿地、虾池基、排水沟边等。

海边荒田上，莲子草与厚藤、假马齿苋等生长在一起

## 24.尾穗苋

*Amaranthus caudatus* L.

苋科Amaranthaceae 苋属

【别名】大苋菜

一年生直立草本。茎粗壮，具钝棱角。叶片菱状卵形，顶端渐尖或钝，基部宽楔形，全缘。多数穗状花序形成下垂的圆锥花序，顶生。胞果近球形。花果期6～11月。

【分布】外来物种，作观赏植物或饲料引进，现逸为野生。雷州（附城）、麻章（湖光、太平）等。不常见。

【生境】村边空地、海边旷地、堤坝等。

雷州附城土角村海堤上生长旺盛的尾穗苋

## 25.刺苋

*Amaranthus spinosus* L.

苋科Amaranthaceae　苋属

【别名】刺苋菜、簕苋菜

一年生直立草本。叶常卵状棱形，互生。花簇生叶腋，或排成顶生或腋生的穗状花序；花密集，淡绿色；花序下半部分为雌花，上半部雄花。胞果长圆形，盖裂。花果期5～11月。

【分布】原产美洲，在我国南方归化。雷州半岛各地。常见。

【生境】喜生于村旁空地、海边旷地、河口堤坝、木麻黄林下等。

雷州附城海角村海堤上的刺苋生长旺盛

## 26.皱果苋

*Amaranthus viridis* L.

苋科Amaranthaceae　苋属

【别名】香苋菜、猪母苋

一年生直立或匍匐草本。叶卵形或卵状棱形。花浅绿色，组成腋生或顶生的细长穗状花序；雌雄花混生。胞果扁球形。花果期5～10月。

【分布】雷州半岛各地。常见。传统野菜。

【生境】村边空地、荒田、海边虾池基、河口堤坝、木麻黄林下等。

海边荒地上的皱果苋

## 27.青葙

*Celosia argentea* L.

苋科Amaranthaceae　青葙属

【别名】野鸡冠花、鸡公菜、鸡冠草

一年生草本。茎通常红色。叶多呈披针形。穗状花序顶生；花密生，粉红色或偏白。胞果卵形。花果期4～11月。

【分布】雷州（九龙山）、廉江（高桥河口）、麻章（湖光）、东海岛等。较常见。可作蔬菜食用和观赏植物栽培。

【生境】村边空地、海边沙地、河口堤坝等。

花

麻章湖光，红树林旁海堤上的青葙群落是秋日海边的一道风景

## 28.落葵

*Basella alba* L.

落葵科Basellaceae　落葵属

【别名】胭脂豆、潺菜、木耳菜

秋冬季节，落葵的茎、叶常常会呈紫红色

一年生缠绕草本。茎肉质，绿色或带紫红色。叶片卵形或近圆形，肉质。穗状花序腋生；花淡红色。果球形，红色至深红色或黑色，多汁液。花果期5～12月。

【分布】原产亚洲热带地区，以观赏或食用植物引入，并逸为野生。雷州半岛各地。较常见。

【生境】喜生海边空地或杂灌丛、河口堤坝等。

---

徐闻县和安北莉岛海边灌丛中，落葵薯与假茉莉、厚叶崖爬藤等缠绕在一起

## 29.落葵薯

*Anredera cordifolia* (Tenore) Steenis

落葵科Basellaceae　落葵薯属

【别名】藤三七

缠绕藤本，长可达数米。根状茎粗壮。叶具短柄；叶片卵形至近圆形，顶端急尖，基部圆形或心形，稍肉质，腋生小块茎（珠芽）。总状花序，花序轴纤细而下垂；苞片宿存；花被片白色；雄蕊白色；花柱白色，分裂成3枚柱头臂。花期6～11月。

【分布】原产南美洲，以观赏或药用植物（叶腋中的珠芽形似田七，可入药）引入，并逸为野生。雷州半岛各地。少见。

【生境】村旁、海边杂灌丛等。与其他植物缠绕在一起。

---

## 30.蒺藜

*Tribulus terrestris* L.

蒺藜科Zygophyllaceae　蒺藜属Tribulus

【别名】八角刺草、三角刺

10月中旬，徐闻西连水尾村海边的蒺藜群落花正盛开

一年生平卧草本。偶数羽状复叶，小叶对生。花腋生，黄色，5数，萼宿存。果有5分果瓣，中部边缘有2枚锐刺，下部常有2枚小锐刺，其余部位具小瘤体。花果期5～11月。

【分布】雷州（企水、乌石港、流沙港）、东海岛、徐闻（西连、和安）等。半岛南部常见。

【生境】喜生海边沙地、路边等。

光照充足的地方，酢浆草密密麻麻地铺在地上，有利于保持土壤水分

## 31.酢浆草

*Oxalis corniculata* L.

酢浆草科Oxalidaceae　酢浆草属

草本。全株被柔毛，常匍匐，节上生根。叶基生或茎上互生，具无柄3小叶，倒心形，先端凹入。花单生或数花集为伞形花序状；花瓣5，黄色。蒴果圆柱形，长约2厘米。花果期2～10月。

【分布】雷州半岛各地。较常见。

【生境】河岸、海堤、海边荒地、菜园等。

## 32.草龙

*Ludwigia hyssopifolia* (G. Don) exell

柳叶菜科Onagraceae　丁香蓼属

【别名】细叶水丁香、水仙桃

一年生直立草本。多分枝。叶披针形至线形。花4数，腋生；花瓣黄色。蒴果幼时四棱形，熟时圆柱形；梗短或无梗。花果期几全年。

【分布】雷州（南渡河口）、廉江（高桥河口、九洲江口、鸡笼山）等。常见。

【生境】海边围田、排水沟渠、河口湿地等。

植株

花、果

## 33.毛草龙

*Ludwigia octovalvis* (Jacq.) Raven

柳叶菜科Onagraceae　丁香蓼属

【别名】扫锅草、毛水仙桃

多年生粗壮草本。茎多分枝，具纵棱，被伸展的黄褐色粗毛。叶披针至线状披针形。花4数；花瓣黄色。蒴果圆柱形，具棱8条。花果期5～11月。

【分布】雷州（南渡河口）、廉江（高桥河口、九洲江口、鸡笼山）等。区域常见。

【生境】喜生海边围田、排水沟渠、河口湿地等。

花、果

## 34.了哥王

*Wikstroemia indica* (L.) C. A. Mey.

瑞香科Thymelaeaceae　荛花属

【别名】了哥麻、地棉仔

灌木。小枝红褐色，无毛。对生叶近革质，倒卵形、椭圆状长圆形。花黄绿色，数花组成顶生头状总状花序。浆果椭圆形，熟时红色。花果期5～10月。

【分布】雷州（九龙山、企水）、廉江（高桥河口、鸡笼山）、东海岛、徐闻（和安）等。较常见。

【生境】喜生于村边灌丛、海边沙地、河口堤坝、木麻黄林下等。海水偶有浸淹的地方可生长。

花枝

徐闻和安北莉岛红树林，生长在南美蟛蜞菊丛中的了哥王

## 35.腺果藤

*Pisonia aculeata* L.

紫茉莉科Nyctaginaceae　腺果藤属

【别名】避霜花

藤状灌木。枝条下垂，近对生，具下弯的粗刺。叶对生或互生，近革质，被黄褐色短柔毛。花单性，雌雄异株；聚伞圆锥花序，被黄褐色短柔毛；雌花花被筒卵状圆筒形，顶端5浅裂。果实棍棒形，5棱，具有柄的乳头状腺体；果柄长。花期1～6月，果期秋季。

【分布】硇洲岛、雷州（九龙山）。少见。

【生境】海边灌丛或疏林下。

腺果藤花期植株

## 36.龙珠果

*Passiflora foetida* L.

西番莲科Passifloraceae　西番莲属

【别名】龙吞珠、山菠萝

一至多年生草质藤本。茎、叶、叶腋卷须密被白柔毛。花单生；萼片5；花瓣5，白色，中间带粉红色。浆果圆球形，熟时橙黄色。花期5～9月，果期9月至翌年5月。

【分布】原产西印度群岛。雷州半岛各地有野生。常见。

龙珠果花鲜艳美丽，果可食，可作观赏植物栽培

廉江高桥河口，龙珠果攀缘在假茉莉、翼柄阔苞菊植株上

【生境】村边灌丛、海边沙地、河口堤坝、木麻黄林下等。海水偶有浸淹的地方可生长。

## 37.红瓜

*Coccinia grandis* (L.) Voigt

葫芦科Cucurbitaceae　红瓜属

【别名】山黄瓜

攀缘草本。茎无毛。叶阔心形，常5中裂；不分枝卷须纤细。雌雄异株，均单生；花白色，钟状。浆果纺锤形或近圆矩形，成熟时深红色。

8月中旬，麻章湖光海岸上的红瓜开始大量开花结果

【分布】雷州（九龙山、流沙港、乌石）、徐闻（和安、西连）、东海岛等。不常见。

【生境】喜生海边沙地、河口灌丛、海堤坝等。常缠绕在矮小灌丛上。

攀缘在椰子树上的毒瓜

## 38.毒瓜

*Diplocyclos palmatus* (L.) C. Jeffrey

葫芦科Cucurbitaceae　毒瓜属

【别名】花瓜仔

攀缘草本。叶片膜质，宽卵圆形，掌状5深裂。雌雄同株，雌雄花冠均绿黄色，常各数朵簇生在同一叶腋。果实近无柄，球形，不开裂，黄绿色间以白色纵条纹，熟后黄绿色部分变红色。花期3～8月，果期6～12月。

【分布】雷州（九龙山、英利）、徐闻（和安、迈陈、角尾）等。区域常见。

【生境】海边灌丛、河口堤坝等。常攀缘在其他植物上。

## 39.风瓜

*Gymnopetalum scabrum* (Loureiro) W. J. de Wilde et Duyfjes

葫芦科Cucurbitaceae　金瓜属

【别名】风瓜

一年生匍匐或攀缘草本。厚纸质叶肾形或卵状心形，不分裂或波状浅裂，基部近心形。雌雄同株；雄花单生或生于总状花序；雌花单生；花冠白色。果实圆球形，熟后橘黄色、红色，直径3厘米。花果期7～11月。

【分布】雷州（企水、流沙港、乌石）、徐闻（和安、西连）、东海岛等。

【生境】海边沙地、河口灌丛、海堤坝等。常与厚藤缠绕或攀缘于其他灌丛上。

果实圆球形，直径约3厘米

常见于海边沙地、木麻黄林下，贴地蔓延或缠绕在厚藤等其他植物上

## 40.茅瓜

*Solena heterophylla* Lour.

葫芦科Cucurbitaceae　茅瓜属

【别名】瓜公仔

攀缘草本。叶片薄革质，叶形变化大，卵形、长圆形、卵状三角形或戟形等；卷须纤细，不分枝。雌雄异株：雄花呈伞房状花序，花极小；雌花单生于叶腋。果实红褐色，长圆状或近球形。花果期5～10月。

【分布】雷州（九龙山）、徐闻（和安）等。少见。

【生境】海边、河口杂灌丛。常攀缘在矮小植物上。

7月上旬，雷州九龙山海边灌丛上的茅瓜开始成熟

## 41.马瓟儿

*Zehneria japonica* (Thunb.) H.Y. Liu

葫芦科Cucurbitaceae　马瓟儿属

【别名】纽仔瓜、老鼠拉冬瓜

一年生攀缘或平卧草本。有不分枝卷须。根部分膨大成一串纺锤形块根。单叶互生，叶片卵状三角形。花白色。椭圆形果极小，熟时黄白色。花果期4～11月。

【分布】雷州（九龙山、南渡河口）、廉江（高桥河口、九洲江口、鸡笼山）、东海岛等。较常见。

【生境】村边灌丛、海边沙地、河口堤坝等。

马瓟儿果——风中晃荡着的小铃铛

麻章湖光海边，马瓟儿攀缘在无瓣海桑枯枝上

## 42.桃金娘

*Rhodomyrtus tomentosa* (Ait.) Hassk.

桃金娘科Myrtaceae　桃金娘属

【别名】稔子、山稔

灌木。革质叶对生。花多单生叶腋，粉红色、紫色或偏白。浆果卵状壶形，熟时先红色后紫黑色。种子褐色，形如芝麻。花期3～5月，果期6～9月。

【分布】雷州（九龙山）、廉江高（桥河口、鸡笼山）、东海岛等。常见。

【生境】多见于丘陵坡地、村边灌丛等，偶见于海堤上。

植株：4～5月是桃金娘的盛花期

## 43.野牡丹

*Melastoma malabathricum* L.

野牡丹科Melastomataceae　野牡丹属

【别名】多花野牡丹、柴牙郎、假山稔

常绿灌木。多分枝。茎近圆柱形，被淡褐色鳞片状糙毛。厚纸质叶对生，长圆形、卵形、披针形至卵状披针形，叶两面被糙伏毛及短毛。聚伞花序顶生，有3～5花；花粉红色。蒴果坛状球形。花期2～7月，果期5～11月。

【分布】雷州半岛各地。常见。

【生境】丘陵坡地、河道两岸、海堤及河口咸淡水交汇的荒地等。较耐盐，海水偶有浸淹的地方可生长。

野牡丹花大而艳丽

6月下旬，廉江高桥红树林海堤上的野牡丹花正盛开

## 44.竹节树

*Carallia brachiata* (Lour.) Merr.

红树科Rhizophoraceae　竹节树属

【别名】鹅肾木、山竹公、雀仔肾

乔木。树皮灰褐色。叶近革质，倒卵形至长圆形；幼树叶有细齿，中老树叶常全缘。腋生聚伞花序；花绿白色。果圆形，熟时红色。花期3～7月，果期8～11月。

【分布】雷州（九龙山）、廉江（高桥河口、鸡笼山）等。区域常见。

【生境】村边风水林、海边灌丛、河口堤坝等。

花

果实

廉江鸡笼山海岸灌丛中的竹节树

## 45.甜麻

*Corchorus aestuans* L.

锦葵科Malvaceae　黄麻属

一年生草本。叶卵形，先端尖，基部圆，叶缘具锯齿，基部一对线状小裂片。花于叶腋处单生或数花组成聚伞花序；萼片5，窄长圆形；花瓣5，倒卵形，黄色。蒴果长筒形，纵棱6条，3～4条呈翅状。花果期以7～12月为主

廉江高桥河口冲积滩涂上，甜麻与白花鬼针草混生在一起

【分布】雷州半岛各地。常见。

【生境】村边旷地、河口冲积滩、海堤、围田空地、养殖塘堤等。

## 46.破布叶

*Microcos paniculata* L.

椴树科Tiliaceae　破布叶属

【别名】布渣叶、烂布渣

灌木至小乔木。叶近革质，卵状长椭圆形，三出脉。花淡黄色；萼片长圆形。核果光滑无毛，近球形。花果期6～12月。

【分布】雷州（九龙山）、廉江（高桥河口、鸡笼山）、遂溪（建新河口、杨柑）、东海岛等。较常见。

8～9月盛果期

6月盛花期

【生境】村边灌丛、风水林下、河口堤坝等。在廉江高桥河口与水黄皮、阔苞菊、海漆等混生。

## 47.粗齿刺蒴麻

*Triumfetta grandidens* Hance

椴树科Tiliaceae　刺蒴麻属

【别名】铺地虱乸头

披散或匍匐状木质草本。分枝多。叶变异较大，下部的菱形，上部的长圆形，先端钝，基部楔形，边缘具粗齿。聚伞花序腋生。蒴果球形，先端有短勾。花果期10月至翌年3月。

【分布】廉江（车板）、遂溪（杨柑）。极少见。

【生境】海边沙地、木麻黄林下等。

廉江市车板龙头沙海岸，粗齿刺蒴麻匍匐生长在木麻黄林下

## 48.刺蒴麻

*Triumfetta rhomboidea* Jacq.

椴树科Tiliaceae　刺蒴麻属

【别名】黄花虱乸头

亚灌木。叶纸质，阔卵圆形、圆形，边缘具粗锯齿；基出脉3～5条。果球形，具勾刺。花果期8月至翌年2月。

【分布】雷州（附城、南渡河口）、廉江（高桥河口、鸡笼山）、遂溪（建新河口、杨柑）、东海岛等。常见。

【生境】村边灌丛、荒地、河口冲积滩涂、堤坝、养殖塘基等。

果枝

10月上旬，徐闻和安公港海堤上的刺蒴麻正值盛花期

廉江九洲江口海堤上的雁婆麻

花枝

果枝

## 49.雁婆麻

*Helicteres hirsuta* Lour.

梧桐科Sterculiaceae　山芝麻属

【别名】坡麻、萧婆麻

灌木。枝、叶被星状毛。叶卵形至长圆状卵形，基出脉5。聚伞花序腋生；花红色至紫红色。蒴果圆筒形，顶端尖如喙。花果期4～11月。

【分布】雷州（九龙山）、廉江（高桥河口、九洲江口）、遂溪（杨柑、建新）等。区域常见。

【生境】村边灌丛、海边荒地、河口堤坝等。

## 50.马松子

*Melochia corchorifolia* L.

梧桐科Sterculiaceae　马松子属

【别名】野路葵、野棉花

亚灌木或草本。叶纸质，基出脉5。花密集成腋生或顶生的聚伞花序；花粉红色。蒴果圆球形。花果期4～11月。

【分布】雷州（南渡河口、九龙山）、廉江（高桥河口、九洲江口）、遂溪（北潭）、东海岛等。常见。

【生境】村边空地、海边沙地、河口堤坝、木麻黄林下等。海水偶有浸淹的地方可生长。

花、果

10月前后是马松子的果熟期

## 51.磨盘草

*Abutilon indicum* (L.) Sweet

锦葵科Malvaceae　苘麻属

【别名】磨谷子、磨盘子

多年生亚灌木。全株均被灰色短柔毛。叶卵圆形，先端短尖或渐尖，基部心形，边缘具不规则锯齿。花单生叶腋；花梗长，近顶端具节；花5数，黄色；萼盘状。蒴果半圆，形似磨盘；分果爿15～20。花果期6～11月。

【分布】雷州（九龙山、南渡河口）、廉江（高桥河口、九洲江口）、徐闻（和安）、麻章（湖光）、东海岛等。较常见。

【生境】喜生于村边空地、海边沙地、河口堤坝等。

10月中旬，徐闻和安北莉岛上的磨盘草正值盛果期

花、果枝

## 52.黄花棯

*Sida acuta* Burm. f.

锦葵科Malvaceae　黄花棯属

【别名】假黄麻、扫把麻

直立亚灌木。全株被短毛。小枝向两侧呈2列展开。叶长圆状披针形或披针形、线形。花单生或簇生叶腋；花萼钟状；花冠黄色；蒴果近圆球形；分果爿常5～6，顶端具2短芒；果皮具网状皱纹。花果期4月至翌年2月。

【分布】雷州半岛各地。常见。

【生境】荒弃围田、海边沙地、河口堤坝、虾塘基等。海水偶有浸淹的地方可生长。

花果枝

东海岛东南码头丛生的黄花棯

## 53.桤叶黄花棯

*Sida alnifolia* L.

锦葵科Malvaceae　黄花棯属

【别名】小柴胡、黄花草、牛筋麻

亚灌木。茎、枝、叶和花梗被星状绒毛。叶近圆形、卵形或倒卵形，叶缘有浅锯齿。花单生；花梗长0.5～2厘米，近中部具关节；花萼钟状；花冠黄色；雄蕊柱被长硬毛。蒴果扁球形；分果爿6～8，具2芒。花果期6～12月。

【分布】廉江（高桥河口、九洲江口）、雷州（九龙山、南渡河口）、徐闻（和安）、东海岛等。不常见。

【生境】村边、海边荒地、河口堤坝等。

花枝

植株

## 54.中华黄花棯

*Sida chinensis* Retz.

锦葵科Malvaceae　黄花棯属

直立或稍匍匐小灌木。分枝多，密被星状柔毛。叶倒卵形、长圆形或近圆形，先端圆，基部楔形或圆，具细圆齿。花单生叶腋；花梗中部具节，被星状柔毛；花萼钟形，5齿裂；花冠黄色，直径约1.2厘米；花瓣5。果球形；分果爿7～8，包于宿萼内，平滑无芒。花果期11月至翌年4月。

【分布】徐闻（海安、三墩、角尾）等。不常见。

【生境】海边荒地、河口堤坝等。

花枝

12月中旬，徐闻三墩海堤上开着小黄花的中华黄花棯

## 55.长梗黄花棯

*Sida cordata* (Burm. F.) Borss.

锦葵科Malvaceae　黄花棯属

徐闻和安金鸡岛，生长在木麻黄林下的长梗黄花棯

披散灌木。被黏质和星状柔毛及长柔毛。叶心形，先端渐尖。花腋生，通常单生或簇生成具叶的总状花序状；花梗纤细，中部以上具节；花黄色；雄蕊柱被长硬毛。蒴果近球形；分果爿5，无芒，先端截形。花果期6月至翌年3月。

【分布】廉江（高桥、九洲江口、鸡笼山）、麻章（湖光）、东海岛、遂溪（草潭、建新）、雷州（南渡河口）等。不常见。

【生境】海边灌丛、河口堤坝、木麻黄林下等。

---

东海岛龙海天海滩上的心叶黄花棯

## 56.心叶黄花棯

*Sida cordifolia* L.

锦葵科Malvaceae　黄花棯属

【别名】心叶拔毒散、假洋麻

直立亚灌木。小枝和叶密被星状柔毛。叶卵形，先端钝圆，基部心形，边缘具钝齿。花簇生于枝顶或叶腋，稀单生；花冠黄色，长圆形。蒴果近球形；分果爿10，具2长芒。花果期全年。

【分布】雷州半岛各地。常见。

【生境】常见于村边灌丛、海边荒地、河口堤坝、木麻黄林下等。海水偶有浸淹的地方可生长。

---

## 57.白背黄花棯

*Sida rhombifolia* L.

锦葵科Malvaceae　黄花棯属

【别名】菱叶拔毒散、黄花地桃花

直立亚灌木。多分枝，枝被星状棉毛。叶大小、形状变化大，多呈菱形或长圆状披针形，叶背被灰白色星状柔毛。花单生于叶腋；花梗长1～2厘米，密被星状柔毛，中部以上有节；萼杯形；花黄色；花瓣倒卵形。蒴果扁球形；分果爿8～10，顶端具2短芒。花果期6～12月。

【分布】雷州半岛各地。常见。

【生境】村边灌丛、海边荒地、河口堤坝等。

## 58.地桃花

*Urena lobata* L.

锦葵科Malvaceae　梵天花属

【别名】黐头婆

直立亚灌木状草本。小枝被星状绒毛。叶卵形、长圆形至披针形，上面被柔毛，下面被灰白色星状绒毛。花腋生，淡红色；花瓣5；花柱微被长硬毛。果扁球形；分果爿被星状短柔毛和锚状刺。花期7～10月。

【分布】雷州半岛各地。常见。

【生境】村边、海边灌丛、河口堤坝、养殖塘基等。

廉江高桥，生长在海堤上的地桃花

花枝

## 59.铁苋菜

*Acalypha australis* L.

大戟科Euphorbiaceae　铁苋菜属

【别名】海蚌含珠

一年生草本。叶膜质，长卵形、近菱状卵形，顶端短渐尖，基部楔形，边缘具圆锯；基出脉3条，侧脉3对。雌雄花同序；花序轴具短毛；雄花萼裂片4；雌花萼片3，花柱3。蒴果具3枚分果爿。花果期5～12月。

【分布】麻章（湖光、太平）、雷州（附城）、徐闻（和安、西连、海安）等。半岛南部较常见。

【生境】村边、海边空旷地、木麻黄林下等。

徐闻和安新寮海边木麻黄林下的铁苋菜

## 60.方叶五月茶

*Antidesma ghaesembilla* Gaertn.

大戟科Euphorbiaceae　五月茶属

【别名】早禾果

灌木至小乔木。除老枝和叶面外，全株被柔毛。叶片长圆形或近圆形，顶端圆钝，基部圆或近心形。雄花黄绿色，多花组成分枝的穗状花序；雌花多花组成分枝的总状花序。核果扁圆形。花果期4～11月。

【分布】廉江（高桥、鸡笼山、九洲江口）、遂溪（杨柑河口）、雷州（九龙山）等。不常见。

【生境】村边、河口灌丛、海堤坝等。

植株

## 61.黑面神

*Breynia fruticosa* (L.) Hook. f.

大戟科Euphorbiaceae　黑面神属

【别名】鬼画符、锅盖木

常绿灌木。叶互生。花雌雄同株；雌花位于小枝上部，雄花则位于小枝的下部，或雌雄花生长在不同枝条；雌花花萼钟状，花后增大成碟状。蒴果球形，花萼宿存。花果期全年。

【分布】雷州半岛各地。较常见。

【生境】喜生长于村边灌丛、海堤、围田基和鱼塘基等。较耐盐，海水偶有浸淹的地方可生长。

果实

植株

## 62.土蜜树

*Bridelia tomentosa* Bl.

大戟科Euphorbiaceae　土蜜树属

【别名】逼迫子

灌木至小乔木。小枝被黄褐色柔毛。叶互生，成长叶背面被绒毛。花雌雄同株，腋生团伞花序。核果球形。花果期全年。

【分布】雷州半岛各地。较常见。

【生境】村边灌丛、河口堤坝、海堤等。较耐盐。

果枝

雷州仙脉村，海边养殖塘基下的土蜜树

## 63.鸡骨香

*Croton crassifolius* Geisel.

大戟科Euphorbiaceae　巴豆属

【别名】过江龙

小灌木。叶卵形、卵状椭圆形至长圆形，顶端钝，基部近圆，边缘有细齿，基出脉3条；叶片基部中脉两侧有2枚具柄杯状腺体。雌雄异花；总状花序顶生；雌雄花萼片外均被星状绒毛。果近球形。花果期10月至翌年7月。

【分布】雷州半岛各地。不常见。

【生境】村边、海边荒地、河口堤坝等。

廉江高桥海堤上的鸡骨香

## 64.猩猩草

*Euphorbia cyathophora* Murr.

大戟科Euphorbiaceae　大戟属

【别名】象牙红、一品红

一年生或多年生草本。叶边缘波状分裂或具波状齿或全缘。花序单生，数花聚伞状排列于分枝顶端，总苞钟状，具1腺体。蒴果三棱状球形。花果期5～12月。

【分布】原产南美洲，以观赏植物引入，现逸为野生。雷州半岛各地。半岛南部沿海较常见。

【生境】村边杂草丛、海边沙地、养殖场周围空地、木麻黄林下等。较耐盐，海水偶有浸淹的地方可生长。

徐闻和安冬松岛，猩猩草与假茉莉混生

## 65.白苞猩猩草

*Euphorbia heterophylla* L.

大戟科Euphorbiaceae　大戟属

【别名】柳叶大戟

一至多年生草本。茎中空，多二歧分枝。叶卵形至长椭圆状披针形，茎顶部叶仅基部白色。杯状聚伞花序；总苞具1腺体。蒴果。花果期8～12月。

【分布】原产美洲，在本地已经归化。廉江（龙营围）、雷州（附城、乌石）、东海岛、徐闻（和安、西连、角尾）等。区域常见。

【生境】村边杂草丛、海边沙地、海堤坝、木麻黄林下等。较耐盐，海水偶有浸淹的地方可生长。

廉江龙营围海堤上生长旺盛的白苞猩猩草

## 66.飞扬草

*Euphorbia hirta* L.

大戟科Euphorbiaceae　大戟属

【别名】乳汁草

一年生草本。茎少分枝。叶对生，长椭圆状卵形或卵状披针形，中部以上有细锯齿。花序多数，于叶腋处密集成头状；总苞钟状，边缘5裂。蒴果三棱状，成熟时分裂为3枚分果爿。花果期5～12月。

【分布】雷州半岛各地。常见。

【生境】村边空地、海边沙地、海堤坝上等。

9月中旬，雷州纪家海边荒地上的飞扬草

## 67.千根草

*Euphorbia thymifolia* L.

大戟科Euphorbiaceae　大戟属

【别名】牛乳草、乳汁草

一年生草本。植株匍匐状茎纤细，基部极多分枝。叶长椭圆形或卵形，先端圆，基部偏斜，边缘有细锯齿，两面常疏被柔毛。花序单生或数个簇生于叶腋。卵状三棱形蒴果成熟时分裂为3枚分果爿。花果期5～11月。

花果枝

植株

【分布】雷州（九龙山、南渡河口）、廉江（高桥河口、九洲江口）、东海岛等。较常见。

【生境】村边荒地、海边沙地、河口堤坝、木麻黄林下等。

## 68.白饭树

*Flueggea virosa* (Roxb. ex Willd.) Voigt

大戟科Euphorbiaceae　白饭树属

【别名】鱼眼木

落叶灌木。全株无毛。小枝红褐色。叶背灰白色。花淡黄色，雌雄异株，多花簇生于叶腋。浆果近球形，成熟时白色。花果期3～10月。

花枝

6月中旬，高桥河口杂灌林中的白饭树果熟，果子颜色像白米饭

【分布】雷州（九龙山）、廉江（高桥、鸡笼山）等。不常见。

【生境】村边风水林、河流冲积沙地、水沟边、河口堤坝等。

## 69.香港算盘子

*Glochidion zeylanicum* (Gaerthn.) A. Juss.

大戟科Euphorbiaceae　算盘子属

【别名】大算盘子

灌木至小乔木。全株无毛。叶革质，长圆形、长卵形。花簇生于腋外；雌花及雄花常分别生于小枝的上下部。蒴果扁球状，边缘具8–12条纵沟。花果期4～11月。

【分布】雷州半岛各地。不常见。

【生境】海边灌丛、河口堤坝等。

果枝

海岸杂灌丛中的香港算盘子

遂溪乐民红树林海岸杂灌丛中的香港算盘子

## 70.麻风树

*Jatropha curcas* L.

大戟科Euphorbiaceae　麻风树属

【别名】乳汁木、黄肿树

大灌木。具水状液汁，树皮平滑。枝条苍灰色，具凸起皮孔。叶纸质，近圆形至卵圆形，顶端短尖，基部心形，全缘或3～5浅裂，具掌状脉5～7。花序腋生；雄花花瓣长圆形，黄绿色。蒴果椭圆状或球形。花果期8～12月。

【分布】原产美洲，以绿化观赏树引入，现逸为野生。雷州半岛各地有分布，但以南部较常见。

【生境】喜生海边沙地、河口堤坝、木麻黄林下等。

花果枝

徐闻县迈陈镇北街村海边，生长在海边荒地上的麻风树

## 71.棉叶珊瑚花

*Jatropha gossypiifolia* L.

大戟科Euphorbiaceae　麻风树属

【别名】棉叶麻风树

灌木。具乳汁，树皮平滑无毛。嫩叶紫红色，后渐变绿色，叶背紫红色；单叶互生，掌状3～4裂，叶缘具齿。聚伞花序；花红色，单性，雌雄同株。蒴果椭圆形，成熟时裂开为3枚2瓣裂的分果爿。花期8～12月。

【分布】原产美洲，以绿化观赏树引入，现逸为野生。廉江（营仔、良垌）、麻章（湖光）、东海岛、雷州（附城）、徐闻（角尾）等。区域常见。

【生境】海边沙地、河口堤坝等。廉江营仔海堤有成片分布。

花果枝

廉江营仔九洲江口红树林海堤上的棉叶珊瑚花

## 72.白背叶

*Mallotus apelta* (Lour.) Muell. Arg.

大戟科Euphorbiaceae　野桐属

【别名】狗尾果、白桐树

灌木至小乔木。嫩枝、叶和花序被淡黄色星状毛和着生腺点。叶阔卵形或心形，叶背密被白色星状毛。花雌雄异株；雄花序为开展的圆锥花序或穗状。雌花序穗状。蒴果近球形。花果期5～12月。

【分布】雷州半岛各地。常见。

【生境】村边、海边灌丛、河堤、海堤坝等。

8月中旬，白背叶的穗状果序像一条条下垂的狗尾巴挂在树枝上

廉江高桥河口生长在河堤边的白背叶

## 73.白楸

*Mallotus paniculatus* (Lam.) Muell. Arg.

大戟科Euphorbiaceae　野桐属

【别名】黄背桐、白叶子

灌木至乔木。小枝、叶柄和花序密被褐色星状毛。叶卵形、卵状三角形或菱形；叶柄近盾状着生。花雌雄异株；总状花序或圆锥花序。蒴果扁球形，具3分果爿。花果期6～12月。

雷州九龙山海堤上，白楸与银叶树、黄槿、须叶藤等混生在一起

果枝

【分布】雷州（九龙山）、廉江（鸡笼山）、遂溪（乐民、草潭）等。区域常见。

【生境】村边风水林、河口堤坝等。在九龙山海堤上与海漆、须叶藤等混生。

果枝

5～6月是石岩枫盛花的季节

## 74.石岩枫

*Mallotus repandus* (Willd.) Muell. Arg.

大戟科Euphorbiaceae　野桐属

【别名】倒钩柴、倒钩藤、杠香藤

攀缘状灌木。嫩枝、叶和花密生黄色柔毛。老枝无毛，具皮孔。卵形或椭圆状卵形叶互生，纸质；基出脉3。花雌雄异株，总状花序。蒴果具2～3枚分果爿，被黄色毛和颗粒状腺体。花期3～6月，果期7～10月。

【分布】雷州（九龙山）、廉江（高桥、鸡笼山）、麻章（湖光、太平）、东海岛等。较常见。

【生境】喜生于村边灌丛、河口堤坝等。

## 75.地杨桃

*Microstachys chamaelea* (L.) Muller Argoviensis

大戟科Euphorbiaceae　地杨桃属

【别名】杨桃草

多年生草本。叶互生。雌雄同株；穗状花序与叶对生或顶生。蒴果三棱状球形，直径4毫米；分果爿背部生2枚纵列皮刺，脱落后中轴宿存。花果期全年。

果枝

【分布】雷州半岛各地。海边常见。

【生境】旷野、草地、海边沙地、海堤、木麻黄林下等。耐旱、耐盐，旱坡或海水偶有浸淹的地方均可生长。

廉江高桥红树林海堤上的地杨桃

## 76.青灰叶下珠

*Phyllanthus glaucus* Wall. ex Muell. Arg

大戟科Euphorbiaceae　叶下珠属

灌木。全株无毛。叶片膜质，椭圆形或长圆形，下面苍白色。数花簇生于叶腋。蒴果浆果状，熟时紫黑色，萼片宿存。种子黄褐色。花果期5～10月。

【分布】雷州（企水、乌石）、徐闻（西连）等。不常见。

【生境】海边灌丛、河口堤坝等。

果枝

雷州企水海角村海边沙地上的青灰叶下珠

## 77.小果叶下珠

*Phyllanthus reticulatus* Poir.

大戟科Euphorbiaceae　叶下珠属

【别名】烂头砵、红鱼眼

灌木，有时攀缘状。叶片膜质至纸质，椭圆形、卵形，顶端急尖、钝至圆，基部钝至圆。常多朵雄花和1朵雌花簇生于叶腋。蒴果呈浆果状，近球形，直径约6毫米，熟后红色。花期3～6月，果期6～10月。

【分布】廉江（高桥、鸡笼山、九洲江口）、遂溪（草潭）、雷州（企水、九龙山）、徐闻（迈陈）等。较常见。

【生境】喜生于村边、海边灌丛、河口堤坝、养殖塘基等。

小果叶下珠果实成熟时变成红色，像鱼的眼睛

徐闻县和安镇北莉岛，海边池塘基上的小果叶下珠

## 78.蓖麻

*Ricinus communis* L.

大戟科Euphorbiaceae　蓖麻属

【别名】蚕麻

一年生灌木。小枝、叶和花序通常被白霜，茎多液汁。叶掌状7～10深裂，掌状脉7～11条；叶柄粗壮，中空，顶端具2枚盘状腺体，基部具盘状腺体。总状花序或圆锥花序；雌花花柱红色，2裂，密生乳头状凸起。蒴果近球形；果皮具软刺。花果期7～12月。

【分布】原产非洲，已归化。雷州半岛各地。较常见。

【生境】海边旷地、河口堤坝、养殖塘基等。

廉江卖棹河口海边灌丛中的蓖麻

花枝

## 79.乌桕

*Triadica sebifera* (L.) Small

大戟科Euphorbiaceae　乌桕属

【别名】木蜡树、木油树

灌木至小乔木。全株具乳汁。树皮具纵裂纹和皮孔。纸质叶菱形。花单性，雌雄同株；顶生总状花序。蒴果倒卵球形；分果爿3。种子外被白色蜡质假种皮。花果期4～11月。

花枝

廉江九洲江口，乌桕生长在红树林旁的杂灌中

【分布】雷州（九龙山）、廉江（高桥河口、鸡笼山、九洲江口）、遂溪（建新、草潭）等。不常见。

【生境】村边、河口灌丛、海堤坝、养殖塘基等。

6月中旬，九龙山河口荒地上的蛇泡筋正是盛果期

## 80.蛇泡筋

*Rubus cochinchinensis* Tratt.

蔷薇科Rosaceae　悬钩子属

【别名】　越南悬钩子、鸡脚簕

攀缘灌木。枝、叶柄、花序和叶片下面中脉上疏生弯曲小皮刺。掌状复叶常具5小叶，边缘具锐锯齿。顶生圆锥花序或数朵簇生于叶腋；花瓣近圆形，白色。果实球形，熟时变红色。花果期3～8月。

【分布】廉江（高桥）、雷州（九龙山）等。不常见。

【生境】海边灌丛。

## 81.茅莓

*Rubus parvifolius* L.

蔷薇科Rosaceae　悬钩子属

【别名】孵斗蛇、饭团果

灌木。枝被疏钩状皮刺。小叶3～5，菱状圆形、倒卵形，两面被毛，边缘具锯齿。伞房花序顶生或腋生；花被柔毛和细刺；花瓣粉红色。果实卵球形，熟时红色。花果期3～8月。

【分布】廉江（高桥、鸡笼山）、雷州（九龙山）等。不常见。

【生境】村边、海边灌丛等。

6月，茅莓果熟

3月，廉江洗米河口的茅莓花开

## 82. 大叶相思

*Acacia auriculiformis* A. Cunn. ex Benth

含羞草科Mimosaceae　相思树属

【别名】耳叶相思

常绿乔木。枝条下垂。树皮平滑，具皮孔。叶状柄镰状长圆形，两端渐狭。穗状花序长，数个簇生于叶腋或枝顶；花橙黄色。荚果成熟时旋卷成耳状。花果期以8月至翌年2月为主。

【分布】原产澳大利亚。雷州半岛各地人工林或野生。较常见。

【生境】多见于公路两旁人工绿化带或野生于海边沙地、河口堤坝等。

花枝：金黄色的穗状花序长可达10厘米

雷州企水海边荒滩上高大的大叶相思，树下长满了海马齿、滨刺草等

## 83. 台湾相思

*Acacia confusa* Merr.

含羞草科Mimosaceae　相思树属

【别名】相思树、台湾柳

常绿乔木。叶状柄革质，披针形，常呈弯镰刀形，具纵向平行脉3～5条。头状花序单生或数个簇生于叶腋；花金黄色；花瓣淡绿色；雄蕊明显超出花冠。荚果扁平，种子间缢缩。种子2～8颗。花果期3～11月。

【分布】雷州半岛各地。较常见。

【生境】村边风水林、海边沙地、河口堤坝等。

5月，台湾相思花盛开，满树金黄

台湾相思树满树的青绿，那不是叶子，而是变成了叶子状的叶柄

## 84. 海红豆

*Adenanthera microsperma* Teijsmann et Binnendijk

含羞草科Mimosaceae　海红豆属

【别名】孔雀豆、红豆

落叶乔木。二回羽状复叶；羽片3～5对，小叶4～7对，长圆形或卵形。花白色、黄色，有香味，与花梗同被金黄色柔毛；花瓣披针形。荚果狭长圆形，盘旋如耳，开裂后果瓣旋卷。种子鲜红色，近圆形至椭圆形。花期4～7月，果期7～11月。

【分布】雷州半岛东西海岸均有分布，但不常见。其树形优美、花香而艳、种子鲜红，也常作庭院绿化或四旁树栽植。

【生境】村边风水林、海边沙地、河口堤坝等。

遂溪港门镇黄屋村红树林旁风水林中的海红豆

## 85.阔荚合欢

*Albizia lebbeck* (L.) Benth.

含羞草科Mimosaceae　合欢属

【别名】大叶合欢

落叶乔木。树皮粗糙。二回羽状复叶；总叶柄近基部及叶轴上羽片着生处均有腺体；小叶长椭圆形，

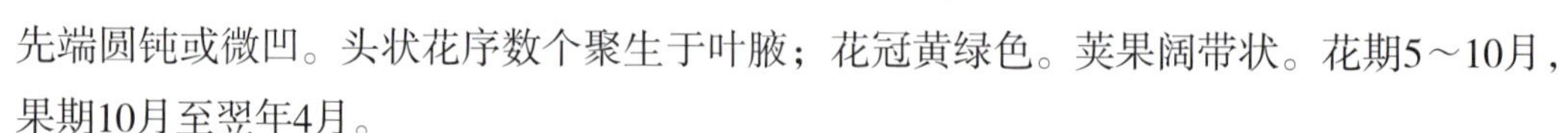

先端圆钝或微凹。头状花序数个聚生于叶腋；花冠黄绿色。荚果阔带状。花期5～10月，果期10月至翌年4月。

【分布】原产非洲，以观赏植物引入，现已归化。雷州（附城）、麻章（湖光、太平）、遂溪（建新）等。区域常见。

【生境】多见于村边旷地、河口堤坝等。

花枝

麻章湖光海堤上的阔荚合欢

## 86.光荚含羞草

*Mimosa bimucronata* (Candolle) O. Kuntze

含羞草科Mimosaceae　含羞草属

【别名】簕仔树

落叶灌木。枝具刺。二回羽状复叶，叶轴无刺；线形小叶12～16对，革质，先端具小尖头。头状花序球形；花白色。荚果带状，劲直，具5～7个荚节，成熟时荚节脱落而残留荚缘。花果期5～12月。

【分布】原产南美洲，以绿篱植物引进，普遍逸为野生。雷州半岛各地常见。

【生境】村边、海边旷地、道路两旁或河口堤坝等。耐盐，海水偶有浸淹的地方生长良好。

花枝　荚果

廉江车板海堤上的光荚含羞草，7～8月是它的盛花期

## 87.巴西含羞草

*Mimosa diplotricha* C. Wright

含羞草科Mimosaceae　含羞草属

亚灌木状草本。茎攀缘或平卧，五棱柱状，沿棱上密生钩刺，嫩时被疏长毛。二回羽状复叶，总叶柄及叶轴有钩刺；小叶线状长圆形。头状花序紫红色。荚果长圆形，边缘及荚节有刺毛。花果期3～11月。

【分布】原产南美洲巴西，或以观赏植物引进，普遍逸为野生。雷州半岛各地。较常见。

【生境】村边旷地、海边沙地、道路两旁或河口堤坝等。

麻章湖光海堤上的巴西含羞草：盛花期在10月前后

## 88.含羞草

*Mimosa pudica* L.

含羞草科Mimosaceae　含羞草属

【别名】怕丑草、感应草

多年生亚灌木状草本。茎圆柱状，具刺。羽片和小叶触动后闭合，羽片2对，小叶20～32对。头状花序粉红色；雄蕊4。荚果弯曲，具刺毛。花果期4～12月。

【分布】原产南美洲，已经归化。雷州半岛各地。常见。

【生境】村边空地、荒弃围田、海边沙地、河口堤坝、木麻黄林下等。

含羞草往往在海边荒地上形成优势群落

花枝

果枝

---

海边养殖塘基上的相思子

花果枝

红黑两色的种子

## 89.相思子

*Abrus precatorius* L.

蝶形花科Papilionaceae　相思子属

【别名】红豆、相思豆、鸡眼子、光眼藤

缠绕藤本。全株被白色伏毛。偶数羽状复叶具小叶6～15对。总状花序腋生；花冠淡紫色。荚果长圆形，肿胀，有4～6种子。种子红黑两色。花果期3～11月。

【分布】雷州（九龙山）、徐闻（和安、西连）、廉江（高桥河口、鸡笼山）、东海岛等。区域常见。

【生境】喜村边灌丛、河口堤坝、海边沙地等。喜攀缘在其他植物上。

---

## 90.合萌

*Aeschynomene indica* L.

蝶形花科Papilionaceae　合萌属

【别名】镰刀豆

一年生草本或亚灌木状。小叶近无柄，薄纸质，线状长圆形，上面密布腺点，先端钝圆。总状花序腋生；花冠淡黄色，具紫色的纵脉纹，旗瓣大，近圆形。荚果线状长圆形，不开裂，成熟时逐节脱落。花果期6～11月。

花果枝
海边养殖塘基上的合萌

【分布】廉江（高桥、九洲江口、鸡笼山）、麻章（湖光、太平）、雷州（南渡河口）等。少见。

【生境】海边沙地、围田、养殖塘基、河口堤坝等。

## 91.链荚豆

*Alysicarpus vaginalis* (L.) DC.

蝶形花科Papilionaceae　链荚豆属

【别名】假花生、番豆草

多年生草本。单小叶叶形多变，卵形、卵状长圆形、披针形至线状披针形等。总状花序有数花；花冠淡紫色至红色。荚果近圆柱状；荚节4～7。花果期8～11月。

【分布】雷州半岛各地。常见。

【生境】海边围田、沙地、河口堤坝、木麻黄林下等。

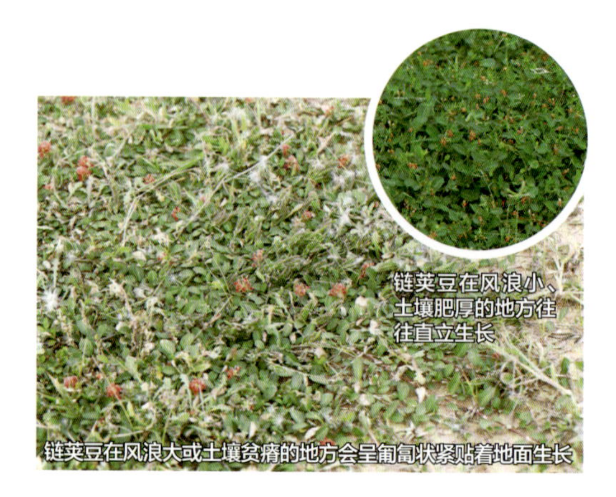
链荚豆在风浪小、土壤肥厚的地方往往直立生长

链荚豆在风浪大或土壤贫瘠的地方会呈匍匐状紧贴着地面生长

## 92.蔓草虫豆

*Cajanus scarabaeoides* (L.) Thouars

蝶形花科Papilionaceae　木豆属

【别名】毛虫豆

蔓生或缠绕状草质藤本。茎具细纵棱，被红褐色绒毛。叶具羽状3小叶；小叶近革质，下面有腺状斑点；基出脉3。花冠黄色。荚果长圆形，密被褐色长毛；果瓣革质，种子间有横缢线。种子3～7。花果期9～12月。

【分布】雷州半岛各地。区域常见。

【生境】多见于山坡灌丛、海边旷地、河口堤坝、养殖塘基等。

花果枝

海堤上的蔓草虫豆

## 93.铺地蝙蝠草

*Christia obcordata* (Poir.) Bahn. F.

蝶形花科Papilionaceae　蝙蝠草属

【别名】罗藦草

多年生平卧草本。茎被灰色柔毛。叶通常为三出复叶或单小叶；顶生小叶多为肾形、圆三角形或倒卵形，先端截平，侧生小叶较小，倒卵形、心形。总状花序多为顶生；花冠蓝紫色或粉红色。荚果有4～5荚节，完全藏于萼内；荚节圆形。花果期5～10月。

【分布】徐闻（海安、角尾）等。少见。

【生境】多见于海边草地、河口堤坝等。

徐闻海安海边草地上的铺地蝙蝠草

## 94.狭叶猪屎豆

*Crotalaria ochroleuca* G. Don

蝶形花科Papilionaceae　猪屎豆属

【别名】细叶猪屎青

直立亚灌木。茎枝有棱。小叶三出，线形或线状披针形。总状花序顶生；花萼近钟形，秃净无毛，5裂，萼齿三角形，比萼筒短；花冠淡黄色。荚果长圆形，被稀柔毛。花果期5～12月。

植株　花果枝

【分布】原产非洲，人工引入。麻章（湖光、太平）、雷州（附城）、东海岛（西湾）、徐闻（三墩、和安）等有逸为野生。不常见。

【生境】村边空地、海边沙地、河口堤坝、虾塘基等。

## 95.猪屎豆

*Crotalaria pallida* Ait.

蝶形花科Papilionaceae　猪屎豆属

【别名】猪屎青、大眼蓝

多年生亚灌木。茎、枝圆并具小沟纹。三出掌状复叶。总状花序顶生；花冠黄色。荚果肥胀，长圆形，内有16～30种子。花果期8～12月。

海边荒地上的猪屎豆

花果枝

【分布】雷州半岛各地。常见。

【生境】喜生于村边空地、海边沙地、河口堤坝、虾塘基等。

## 96.吊裙草

*Crotalaria retusa* L.

蝶形花科Papilionaceae　猪屎豆属

【别名】凹叶野百合

直立草本。茎枝圆柱形，具浅小沟纹。单叶长圆形或倒披针形，先端微凹，基部楔形。总状花序顶生；花萼二唇形；花冠黄色，旗瓣圆形或椭圆形。荚果长圆形。花果期10月至翌年4月。

果枝

【分布】吴川（吴阳）、东海岛、雷州（乌石）等。不常见。

【生境】荒草地、海滨沙地等。

海边沙地上的吊裙草：盛花期11～12月

## 97.光萼猪屎豆

*Crotalaria trichotoma* Bojer

蝶形花科Papilionaceae　猪屎豆属

【别名】南美猪屎豆、光萼野百合

亚灌木。茎枝具沟纹。三出小叶长椭圆形，两端渐尖。总状花序顶生；花萼近钟形；花冠黄色，伸出萼外，旗瓣圆形，基部具2胼胝体。荚果长圆柱形，基部残存宿存花丝及花萼。种子成熟时朱红色。花果期4～12月。

【分布】原产南美洲，以绿肥植物引进，逸为野生。雷州（附城）、麻章（湖光）、东海岛、廉江（九洲江口）等。不常见。

【生境】海边沙地、河口堤坝、虾塘基等。

果枝

廉江营仔红树林海堤上的光萼猪屎豆

## 98.球果猪屎豆

*Crotalaria uncinella* Lamk.

蝶形花科Papilionaceae　猪屎豆属

【别名】钩状猪屎豆、椭圆叶野百合

亚灌木。叶三出；小叶椭圆形。总状花序；花冠黄色。荚果卵球形，内有2种子，熟时红色。花果期7～12月。

【分布】雷州（南渡河口）、徐闻（和安）、廉江（高桥河口、九洲江口）、麻章（湖光）、东海岛等。不常见。

【生境】村边灌丛、海边沙地、河口堤坝、荒弃围田、木麻黄林下等。

廉江高桥洗米河口湿地上的球果猪屎豆

植株

## 99.补骨脂

*Cullen corylifolium* (L.) Medikus

蝶形花科Papilionaceae　补骨脂属

【别名】破鼓子、婆故纸

一年生直立草本。枝疏被白色绒毛。单叶宽卵形，边缘有粗而不规则的锯齿。总状或小头状花序腋生；花冠淡紫色或蓝色；花瓣具瓣柄，旗瓣倒卵形。荚果卵形，具小尖头。花果期1～10月。

【分布】麻章（湖光）、东海岛等。少见。

【生境】海边沙地、河口荒地、海堤坝等。

## 100.圆叶野扁豆

*Dunbaria punctata* (Wight et Arn.) Benth.

蝶形花科Papilionaceae　野扁豆属

【别名】鸡嘴黄、假绿豆

多年生缠绕藤本。羽状3小叶，顶生小叶圆菱形。1～2花腋生；花冠黄色。荚果线状长圆形，无果颈，种子5～9。花果期7～11月。

【分布】雷州半岛各地。较常见。

【生境】村边、海边灌丛、河口堤坝等。常攀缘在其他低矮植物上。

徐闻海安海边攀缘在露兜树上的圆叶野扁豆

花果枝

## 101.鸽仔豆

*Dunbaria truncata* (Miquel) Maesen

蝶形花科Papilionaceae　野扁豆属

【别名】凹子豆

缠绕草质藤本。茎和枝薄被短柔毛。小叶薄纸质。总状花序腋生；花2至数朵；花冠黄色，旗瓣近圆形，宽大于长。荚果线状长圆形，扁平，两端急尖，先端有喙。花果期4～12月。

【分布】雷州半岛各地。不常见。

【生境】多见于村边、海边旷地、河口堤坝等。

廉江九洲江口，鸽仔豆攀缘在厚藤、飞机草上

## 102.假地豆

*Grona heterocarpos* (L.) H. Ohashi et K. Ohashi

蝶形花科Papilionaceae　山蚂蝗属

【别名】异果山蚂蝗、假花生

亚灌木。羽状三出复叶；小叶纸质，顶生小叶较大，椭圆形或倒卵形。总状花序猫尾状；花冠粉红色至紫红色。荚果狭长，腹、背缝线均被钩状毛；荚节4～7。花果期5～11月。

【分布】雷州半岛各地。常见。

【生境】村边空地、海边沙地、河口堤坝等。

花枝

廉江高桥海堤上的假地豆

## 103.异叶山蚂蝗

*Grona heterophylla* (Willd.) H. Ohashi et K. Ohash

蝶形花科Papilionaceae　山蚂蝗属

【别名】铺地豆、三叶子

多年生平卧草本。茎下部常为单小叶；茎上部羽状三出复叶，顶生小叶常椭圆形至椭圆状倒卵形。花单生或成对生于腋内，或2～3朵散生于总梗上。花冠紫红色至偏白色。荚果腹缝线近直，背缝线深波状；荚节3～5。花果期7～11月。

【分布】雷州半岛各地。较常见。

【生境】海边荒地、围田、河口堤坝等。

花枝

海堤上的异叶山蚂蝗

## 104.赤山蚂蝗

*Grona rubra* H. Ohashi et K. Ohashi

蝶形花科Papilionaceae　山蚂蝗属

【别名】单叶假绿豆

平卧或直立亚灌木。多分枝，单小叶或稀为三出复叶；小叶硬纸质，椭圆形、长椭圆形。总状花序顶生；总花梗被黄色钩状毛；花萼红色；花冠粉红色。荚果狭长圆形，扁平，背缝线缢缩；荚节近方形，具明显的网脉。花果期7月至翌年5月。

【分布】雷州（雷高、东里）、东海岛、坡头、遂溪（草潭、江洪）等。区域常见。

【生境】喜生于海边沙地、荒坡等。

花枝

5月下旬，遂溪草潭海岸沙滩上赤山蚂蝗正值果熟期

## 105.三点金

*Grona triflora* (L.) H. Ohashi et K. Ohashi

蝶形花科Papilionaceae　山蚂蝗属

【别名】品字草、三点梅、三叶仔

多年生平卧草本。羽状三出复叶；顶生小叶倒心形或倒卵形，长与宽几相等，先端平或微凹。花单生或2～3花簇生于叶腋。荚果弯如镰刀状，腹缝线直，背缝线浅波状；荚节3～5。花果期6～12月。

【分布】雷州半岛各地。常见。

【生境】荒弃围田、海边沙地、河口堤坝、木麻黄林下等。

东海岛龙海天沙质海岸上的三点金

## 106.疏花木蓝

*Indigofera colutea* (N. L. Burman) Merrill

蝶形花科Papilionaceae　木蓝属

【别名】陈氏木蓝

亚灌木状草本。茎多分枝，近直立。小叶3～5对对生，椭圆形，两面均被白色“丁”字毛。总状花序腋生；花冠红色。荚果细圆柱形，顶端有凸尖，被“丁”字毛。种子方形。花果期6～12月。

【分布】徐闻（西连、迈陈、角尾、海安）等。不常见。

【生境】海边旷地、沙滩等。

徐闻西连流沙湾海边荒滩上的疏花木蓝

## 107.硬毛木蓝

*Indigofera hirsuta* L.

蝶形花科Papilionaceae　木蓝属

【别名】刚毛木蓝

直立亚灌木。全株被硬毛。羽状复叶；小叶3～9对，倒卵状椭圆形。总状花序；总花梗长于叶柄；花冠红色。荚果线状圆柱形。花果期8～12月。

【分布】雷州（九龙山、南渡河口）、廉江（高桥河口、九洲江口）、麻章（湖光）、东海岛等。区域常见。

【生境】海边沙地、河口堤坝等。

花枝

雷州企水海角村，硬毛蓝与厚藤、单叶蔓荆等一起生长在海滩上

## 108.单叶木蓝

*Indigofera linifolia* (L. f.) Retz.

蝶形花科Papilionaceae　木蓝属

多年生草本。茎平卧，基部分枝，枝细瘦，有二棱，平贴“丁”字毛。单叶，长圆形，先端急尖，基部楔形，两面密生毛。总状花序较叶短；无总花梗。荚果球形，直径约2毫米，微扁。种子1。花果期4～9月。

【分布】徐闻（三墩、西连、角尾）等。不常见。

【生境】海边草地、沙地等。

徐闻三墩，生长在石头海堤上的单叶木蓝

## 109.九叶木蓝

*Indigofera linnaei* Ali

蝶形花科Papilionaceae　木蓝属

7～8月，徐闻三墩海边草地上的九叶木蓝正值花果期

一年生或多年生草本。多分枝，枝纤细而平卧，上部有棱，下部圆柱形，被毛。羽状复叶；小叶2～5对，互生，近无柄，狭倒卵形、长椭圆状卵形，先端圆钝，基部楔形，两面被毛。总状花序无总花梗；花冠紫红色。荚果长椭圆形，被紧贴柔毛，顶端有锐尖头。种子2。花果期6～12月。

【分布】徐闻（三墩、西连、角尾）等。不常见。

【生境】海边草地、沙地等。

---

花枝

10月中旬，廉江高桥海堤上生长的野青树正值果期

## 110.野青树

*Indigofera suffruticosa* Mill.

蝶形花科Papilionaceae　木蓝属

【别名】假蓝靛、灰毛子

亚灌木；羽状复叶；小叶5～7对，长椭圆形。总状花序穗状；花冠红色。荚果圆柱状，弯曲如镰刀。种子6～8。花果期5～11月。

【分布】原产南美洲，现已归化。雷州（九龙山、南渡河口）、廉江（高桥河口、九洲江口）、东海岛等。区域常见。

【生境】村边空地、海边沙地、河口堤坝等。

---

## 111.扁豆

*Lablab purpureus* (L.) Sweet

蝶形花科Papilionaceae　扁豆属

【别名】鹊豆

果枝

10月下旬，海岛鸡笼山，攀缘在假茉莉上的扁豆正值盛花期

多年生缠绕藤本。全株几无毛，常呈淡紫色。羽状复叶具3小叶；小叶宽三角状卵形，长与宽约相等，6～12厘米不等，侧生小叶偏斜。总状花序直立；花序轴粗壮；花冠粉红色至紫色。荚果长圆状镰形。花果期冬季至翌年春季。

【分布】外来物种，已经归化。雷州半岛各地。常见。

【生境】村边、海边灌丛、河口堤坝等。常攀缘在其他植物上。

## 112.紫花大翼豆

*Macroptilium atropurpureum* (DC.) Urban

蝶形花科Papilionaceae　大翼豆属

多年生蔓生草本。茎被毛。羽状复叶具3小叶；小叶卵形至菱形，侧生小叶偏斜，外侧具裂片。花冠深紫色。荚果线形，长7～10厘米，宽3毫米，顶端具喙尖。种子长圆形，具大理石花纹。花果期秋冬。

花果枝

生长在海边荒草地上的紫花大翼豆

【分布】原产美洲，以牧草引进，已经归化。雷州半岛各地。不常见。

【生境】村边、海边灌丛、河口堤坝等。攀缘在其他植物上或匍匐地上。

麻章湖光海堤上的大翼豆

## 113.大翼豆

*Macroptilium lathyroides* (L.) Urban

蝶形花科Papilionaceae　大翼豆属

一至二年生直立草本。茎密被短柔毛。羽状复叶具3小叶；小叶狭椭圆形至卵状披针形。花成对稀疏地生于花序轴的上部；花萼管状钟形；花冠紫红色。荚果线形，密被短柔毛。种子斜长圆形，棕色，常具黑色斑。花果期7～12月。

【分布】原产南美洲，以牧草引入，普遍逸为野生。徐闻（海安）、东海岛（民安）、麻章（湖光、太平）等。不常见。

【生境】村边、海边空地、河口堤坝等。

## 114.葛麻姆

*Pueraria montana* var. *lobata* (Willd.) Maesen et S. M. Almeida ex Sanjappa et Predeep

蝶形花科Papilionaceae　葛属

【别名】野葛

粗壮藤本。顶生小叶宽卵形，长大于宽，先端渐尖，基部近圆形，常全缘；侧生小叶略小，偏斜，两面被柔毛。花冠紫红色，旗瓣圆形。荚果长椭圆形，扁平而被褐色长硬毛。花期9～12月。

11月上旬，雷州九龙山海边的葛麻姆生长旺盛，正值盛花期

【分布】雷州（九龙山、英利）、徐闻（和安）、廉江（良垌）、遂溪（杨柑、建新）、麻章（湖光、太平）等。较常见。

【生境】村边、海边灌丛、河口堤坝等。

## 115.三裂叶野葛

*Pueraria phaseoloides* (Roxb.) Benth.

蝶形花科Papilionaceae　葛属

【别名】野葛藤、假豇豆

草质藤本。羽状三出复叶；托叶基着。总状花序单生；花淡蓝色。荚果圆柱状。种子长圆形。花果期7～11月。

【分布】雷州（九龙山）、廉江（高桥河口、鸡笼山）、东海岛等。不常见。

【生境】村边、海边灌丛、河口堤坝等。

花果枝

攀缘在木麻黄上的三裂叶野葛

---

徐闻西连水尾村海堤上的小鹿藿

7月中旬，徐闻海安杏磊湾草地上的小鹿藿正值花果期

## 116.小鹿藿

*Rhynchosia minima* (L.) DC.

蝶形花科Papilionaceae　鹿藿属

【别名】小括根

缠绕状一年生草本。茎纤细，被短柔毛。羽状3小叶，小叶近膜质。总状花序腋生；花冠黄色，伸出萼外。荚果长椭圆形，被毛。种子1～2。花果期4～12月。

【分布】徐闻（和安、角尾、西边、和安）等。区域常见。

【生境】喜生于村边、海边草地、河口堤坝等。

---

## 117.落地豆

*Rothia indica* (L.) Druce

蝶形花科Papilionaceae　落地豆属

一年生草本。茎常匍匐，略带紫色，多分枝，被绒毛。羽状复叶3小叶；小叶倒卵状长圆形、长圆形，顶生小叶稍大；托叶钻形。总状花序与叶对生；花萼管状钟形，5裂，裂片长三角形；花瓣黄色。荚果线状长圆形，坚直，长3～5厘米，密被紧贴绢毛；萼宿存，萼裂片长约3毫米，稍开展。花果期6～9月。

花果枝

雷州企水海角村海边沙地上成片的落地豆

【分布】雷州半岛西海岸遂溪乐民港至雷州乌石一带沿海。不常见。

【生境】村边空地、海边沙地等。

## 118.翅荚决明

*Senna alata* (L.) Roxburgh

蝶形花科Papilionaceae　决明属

【别名】有翅决明

直立灌木。绿色枝粗壮。叶在靠腹面的叶柄和叶轴上有二条纵棱条，有狭翅；薄革质小叶倒卵状长圆形或长圆形。花序顶生或腋生，具长梗；花瓣黄色。荚果长带状；果瓣的中央顶部有直贯至基部的翅。花果期4月至翌年2月。

【分布】原产美洲，以观赏植物引入，逸为野生。雷州半岛各地。不常见。

【生境】村边、海边旷地、河口堤坝等。

麻章湖光海边逸为野生的翅荚决明

## 119.望江南

*Senna occidentalis* (L.) Link

蝶形花科Papilionaceae　决明属

【别名】猪屎兰、羊角豆

直立而少分枝的亚灌木。枝具棱。叶柄近基部有大腺体1枚；小叶4～5对，膜质，卵状披针形，顶端渐尖；小叶有腐败气味。数花组成腋生和顶生的伞房状总状花序；花瓣黄色。荚果带状镰形，稍弯曲，有尖头。花果期4～11月。

【分布】原产南美洲，现已归化。雷州半岛各地。区域常见。

【生境】村边、海边旷地、道路两旁或河口堤坝等。

花果枝

徐闻锦和海边，生长在假茉莉丛中的望江南

## 120.田菁

*Sesbania cannabina* (Retz.) Poir.

蝶形花科Papilionaceae　田菁属

【别名】指天豆

一年生草本。羽状复叶，叶轴具沟槽；小叶对生，先端钝至截平，具小尖头。总状花序；花萼斜钟状；花冠黄色，旗瓣横椭圆形至近圆形，翼瓣倒卵状长圆形。荚果细长，长圆柱形，长达20厘米。种子短圆柱状，绿褐色。花果期7～12月。

【分布】雷州半岛各地。常见。

【生境】喜生于村边、海边草地、河口堤坝等。

花果枝

坡头乾塘海堤上的田菁

## 121.圭亚那笔花豆

*Stylosanthes guianensis* (Aubl.) Sw.

蝶形花科Papilionaceae　笔花豆属

【别名】笔花豆、圭亚那柱花草

多年生草本。羽状复叶3小叶；小叶卵状披针形；托叶鞘状。花旗瓣黄色，具红色脉纹。荚果1荚节，长卵形。花果期6～11月。

【分布】原产南美洲，以牧草或绿肥引入，普遍逸为野生。雷州（九龙山、南渡河口）、廉江（高桥河口、九洲江口）、东海岛等。区域常见。

【生境】喜生于村边空地、海边沙地、河口堤坝等。

与厚藤等混生在海堤上的圭亚那笔花豆

## 122.矮灰毛豆

*Tephrosia pumila* (Lam.) Pers.

蝶形花科Papilionaceae　灰毛豆属

多年生草本。枝匍匐状或蔓生。茎具棱，密被硬毛。羽状复叶；小叶3～5对，楔状长圆形呈倒披针形，先端钝，具短尖头，基部楔形，两面被毛。总状花序顶生或与叶对生；苞片宿存；花冠白色至黄色。荚果线形，长约4厘米，宽约0.4厘米，被短硬毛。种子长圆状菱形，具斑纹。花果期全年。

【分布】雷州（英利）、徐闻（和安、角尾、西连、海安）等。区域常见。

【生境】村边、海边沙地、海岸堤坝等。

徐闻西连水尾村海堤上的矮灰毛豆

## 123.灰毛豆

*Tephrosia purpurea* (L.) Pers.

蝶形花科Papilionaceae　灰毛豆属

【别名】红花灰叶

灌木状草本。植株近直立或伸展。枝具纵棱，近无毛。羽状复叶，小叶4～8对，椭圆状倒披针形。总状花序顶生或腋生；花冠淡紫色。荚果线形，被柔毛。椭圆形种子6，灰褐色，具斑纹。花果期5～11月。

麻章湖光海边荒地上，灰毛豆生长在仙人掌丛中

【分布】雷州（英利）、徐闻（和安）、麻章（湖光、太平）等。不常见。

【生境】村边、海边旷地、河口堤坝等。

## 124.丁癸草

*Zornia gibbosa* Spanog.

蝶形花科Papilionaceae　丁癸草属

【别名】人字草

多年生草本。小叶2，卵状长圆形至披针形，“人”字形对生。总状花序腋生；花冠黄色。荚果荚节2～6，荚节近圆。花果期4～11月。

【分布】雷州（九龙山、南渡河口）、徐闻（和安）、廉江（高桥河口、九洲江口）、东海岛等。

【生境】村边、海边草地、河口堤坝、虾塘基等。

海边草地上的丁癸草

## 125.朴树

*Celtis sinensis* Pers.

榆科Ulmaceae　朴属

【别名】黄果朴、朴仔树

落叶乔木。树皮近灰色。叶纸质，卵形。花生于新枝；雄花于枝下排成聚伞花序，雌花生于枝上叶腋。核果近球形，熟时黄色；果柄与叶柄几等长。花果期2～10月。

【分布】雷州半岛各地。较常见。

【生境】喜生于村边风水林、河口堤坝等。

廉江高桥红树林海堤上的朴树

## 126.假玉桂

*Celtis timorensis* Span.

榆科Ulmaceae　朴属

常绿乔木。叶卵状椭圆形或卵状长圆形，先端渐尖或尾尖，基部宽楔形或近圆，近全缘或中上部具浅钝齿；基部1对侧脉长延伸而似具3主脉。聚伞状圆锥花序；雄花生于小枝下部，杂性花生于小枝上部，两性花多生于花序分枝先端。果宽卵圆形，顶端残留短喙状花柱基，熟时橙红色。花果期5～8月。

徐闻和安海边杂灌丛中的假玉桂

【分布】雷州半岛各地。区域常见。

【生境】村边、海边灌丛、河口堤坝等。

## 127.构树

*Broussonetia papyrifera* (L.) L'Heritier ex Ventenat

桑科Moraceae　构属

【别名】假桑

小乔木。树皮暗灰色。小枝密生柔毛。叶螺旋状排列，广卵形至长椭圆状卵形，基部心形，边缘具锯齿，不分裂或3～5裂；基生叶脉三出。雌雄异株；雄花序为柔荑花序，雌花序球形头状；苞片棍棒状。聚花果直径约3厘米，成熟时橙红色，肉质。花果期4～8月。

7月前后果熟

植株

【分布】雷州（九龙山、英利）、麻章（太平）、遂溪（杨柑、草潭）、廉江（良垌）等。不常见。

【生境】村边、海边沙地、河口堤坝等。海水偶有浸淹的地方可生长。

## 128.垂叶榕

*Ficus benjamina* L.

桑科Moraceae　榕属

【别名】垂榕、吊丝榕、狗仔榕

乔木。小枝常下垂。薄革质叶卵形或卵状椭圆形。雄花具柄，花被片宽卵形；雌花无柄，花被片匙形。近圆形榕果成对或单生叶腋，果基缢缩成柄状，熟时橙黄色或偏红。花果期2～11月。

果枝

廉江高桥红树林海岸与假茉莉、海漆等混生的垂叶榕

【分布】雷州半岛各地。较常见。

【生境】村边树林、河口堤坝等。

## 129.薜荔

*Ficus pumila* L.

桑科Moraceae　榕属

【别名】凉粉果

廉江高桥河口，薜荔攀缘在楝树上

果枝（瘿花果）

攀缘或匍匐灌木。叶两型，不结果枝节上生不定根，叶卵状心形；结果枝叶革质，卵状椭圆形。榕果单生叶腋，瘿花果梨形，雌花果近球形，顶部截平，略具脐状凸起。雄花生榕果内壁口部；雌花生另一植株果内壁。花果期5～11月。

【分布】雷州半岛各地。不常见。

【生境】村边风水林、河口堤坝等。常攀缘在其他植物或墙壁上。

## 130.笔管榕

*Ficus subpisocarpa* Gagnepain

桑科Moraceae　榕属

【别名】雀榕

乔木。树干棕黑色。枝条红棕色或灰黑色。薄革质叶互生或簇生于小枝顶；具基三出脉和7～10对侧脉。隐头果生于树干或枝上，具短柄，熟时粉红色或深紫色。花果期几全年，一年可结果2～4次。

果枝

遂溪西溪河口海堤上高大的笔管榕

【分布】雷州（九龙山）、廉江（高桥河口、鸡笼山）等。不常见。

【生境】喜生于村边风水林、河口堤坝等。海水偶有浸淹的地方可生长。

## 131.斜叶榕

*Ficus tinctoria* subsp. *gibbosa* (Bl.) Corner

桑科Moraceae　榕属

乔木或附生。叶革质，卵状椭圆形或近菱形，两侧不对称，全缘或具角齿。雌雄花生于不同株榕果内，榕果球状梨形。花果期5～11月。

【分布】雷州（九龙山）、廉江（鸡笼山）、东海（硇洲岛）等。少见。

【生境】河口堤坝、石头海岸等。

廉江良垌河口海堤上的斜叶榕

海堤上高大的斜叶榕：果期9～11月

## 132.鹊肾树

*Streblus asper* Lour.

桑科Moraceae　鹊肾树属

【别名】莺哥果、加毒、鸡肾树

灌木至乔木。革质叶椭圆形或倒卵形，基部渐窄而成耳状。花雌雄异株或同株，雄花头状花序，2～4雌花聚生于叶腋，有苞片3，萼4裂，覆瓦状排列。核果扁球形；肉质种皮黄色。花期全年，果期5～11月。

【分布】雷州半岛各地。较常见。

【生境】村边灌丛、河口堤坝等。

果枝

雄花枝

## 133.雾水葛

*Pouzolzia zeylanica* (L.) Benn.

荨麻科Urticaceae　雾水葛属

【别名】地消散、吸血薯

多年生草本。茎披散或匍匐状，常带红色。草质叶对生；团伞花序两性。果卵球形，黄白色。花果期5～10月。

【分布】雷州半岛各地。较常见。

【生境】海边沙地、河口冲积滩、堤坝、木麻黄林边等。海水偶有浸淹的地方可生长。

海边沙地上与厚藤、糙叶丰花草等混生的雾水葛

## 134.铁冬青

*Ilex rotunda* Thunb.

冬青科Aquifoliaceae　冬青属

【别名】白沉香、救必应、白皮熊胆木

常绿灌木至乔木。树皮偏白色。互生薄革质叶椭圆形。雌雄异株，数朵排成聚伞花序。核果球形，熟时红色。花期3～5月，果期9～12月。

【分布】雷州（九龙山）、廉江（高桥河口、鸡笼山）、东海岛等。不常见。

【生境】风水林、河口堤坝等。

11月前后，铁冬青果实成熟，果实通红，是很好的赏果植物

铁冬青盛花期在4～5月

## 135.五层龙

*Salacia chinensis* L.

翅子藤科Hippocrateaceae　五层龙属

【别名】假荔枝、桫拉木

攀缘灌木。叶对生或近对生，3～6花聚生于叶腋的瘤状体；无总花梗。浆果球形或卵球形。花果期11月至翌年5月。

【分布】雷州（九龙山河口）、廉江（高桥、鸡笼山）等。不常见。

【生境】喜生于村边灌丛、山坡、河口堤坝等。较耐盐，海水偶有浸淹的地方可生长。在高桥河口与海杧果混生。

4月末，五层龙果实开始成熟

11月至翌年2月是五层龙花期，簇生于叶腋的花朵像一个个小风车

## 136.小果微花藤

*Iodes vitiginea* (Hance) Hemsl.

茶茱萸科Icacinaceae　微花藤属

木质藤本。小枝压扁，被淡黄色硬伏毛，具卷须。叶薄纸质，长卵形至卵形，叶常被毛。腋生伞房圆锥花序，密被绒毛；雄花黄绿色；雌花绿色。核果卵形，幼时绿色，熟时红色，花瓣、花萼宿存。花期12月至翌年6月，果期5~8月。

【分布】雷州（九龙山）、徐闻（和安）等。少见。

【生境】喜生于村边灌丛、河口堤坝等。

植株

## 137.铁包金

*Berchemia lineata* (L.) DC.

鼠李科Rhamnaceae　勾儿茶属

【别名】老鼠屎、猫屎果

攀缘状灌木。叶2列互生。聚伞花序顶生或腋生，腋生花序簇生；花萼钟状；花瓣匙形，白色。浆果熟时由红变成紫黑色。花果期8~12月。

【分布】雷州（九龙山）、廉江（高桥河口、鸡笼山）、东海岛等。不常见。

【生境】喜生于村边灌丛、岩石海岸、河口堤坝、木麻黄林下等。

果枝

海边攀缘在灌丛上的铁包金

## 138.雀梅藤

*Sageretia thea* (Osbeck) Johnst.

鼠李科Rhamnaceae　雀梅藤属

【别名】酸梅子、鹊梅藤、粪箕簕

攀缘灌木。具枝刺。叶互生或近对生，叶面光滑无毛。穗状圆锥花序，顶生或腋生；花无梗；花萼钟形；花瓣白色。浆果熟时由绿变红及至紫黑色。花果期9月至翌年4月。

【分布】雷州半岛各地。较常见。

【生境】村边灌丛、河口堤坝等。海水偶有浸淹的地方可生长。

徐闻和安佳平村，雀梅藤紧挨着红树林生长在海堤基下

花枝

11月中旬，廉江九洲江口的雀梅藤正值盛花期

果枝
攀缘在木麻黄上的厚叶崖爬藤

## 139.厚叶崖爬藤

*Tetrastigma pachyphyllum* (Hemsl.) Chun

葡萄科Vitaceae　崖爬藤属

木质攀缘藤本。茎扁平，多瘤状凸起。小枝有纵棱纹，常生瘤状凸起。卷须不分枝；叶为鸟足状3或5小叶，小叶倒卵形、卵状长椭圆形。复二歧聚伞花序腋生；花蕾长椭圆形。果球形。花果期5～11月。

【分布】雷州半岛各地。半岛南部常见。

【生境】常见于村边、海岸、河口堤坝等。攀缘在树木或岩石上。

---

## 140.酒饼簕

*Atalantia buxifolia* (Poir.) Oliv.

芸香科Rutaceae　酒饼簕属

【别名】东风桔、雷公簕、鬼耕簕

灌木。枝多分支，具刺。互生叶厚革质，具香味。花簇生叶腋，白色。浆果球形，成熟时紫黑色。花果期5～12月。

【分布】雷州半岛各地。较常见。

【生境】喜生于村边灌丛、海边荒地、河口堤坝、木麻黄林下等。

生长在海边荒地上的酒饼簕

花枝
果枝

---

果枝
麻章湖光海堤上的假黄皮

## 141.假黄皮

*Clausena excavata* Burm. F.

芸香科Rutaceae　黄皮属

【别名】臭黄皮、山黄皮

灌木。叶具15～31小叶或更多。花萼、花瓣均4枚。浆果长椭圆形，熟时粉红色或橙黄色。花果期4～9月。

【分布】麻章（湖光、太平）、雷州（九龙山、乌石、英利）、徐闻（和安、西连、角尾）等。半岛南部较常见。

【生境】喜生于村边灌丛、海边沙地、河口堤坝等。

每年的6月前后是大管的果熟期

花枝

## 142. 大管

*Micromelum falcatum* (Lour.) Tan.

芸香科Rutaceae　小芸木属

【别名】鸡屎黄皮、臭黄皮

灌木。小叶镰刀状，5～11枚。伞房状聚伞花序；花白色。浆果椭圆形，成熟时朱红色，具鸡屎气味。花果期2～9月。

【分布】雷州半岛各地。较常见。

【生境】喜生于村边灌丛、海边荒地、河口堤坝、木麻黄林下等。

## 143. 翼叶九里香

*Murraya alata* Drake

芸香科Rutaceae　九里香属

果枝

翼叶九里香较耐阴，在高大的木麻黄林下生长良好

灌木。枝黄灰色或灰白色。叶轴具叶翼；小叶5～9，倒卵形、倒卵状椭圆形，叶缘常有钝裂齿或全缘。聚伞花序腋生或顶生；花瓣5，白色，有纵脉多条。果卵形，顶端有花柱遗痕，果熟时朱红色。种子2～4。花期6～8月，果期10～12月。

【分布】半岛南部的雷州（流沙湾）、徐闻（海安、角尾、西连）等。不常见。

【生境】海边灌丛、木麻黄林下等。

## 144. 小叶九里香

*Murraya microphylla* (Merr. et Chun) Swingle

芸香科Rutaceae　九里香属

雷州流沙湾海边灌丛中的小叶九里香

灌木。小叶较小，刀状长圆形，顶端钝或圆，两侧不对称，边缘具钝裂齿，两面无毛。伞房状聚伞花序；花瓣白色，倒披针形或长圆形，上有油点。果长椭圆形。花果期5～12月。

【分布】半岛南部的雷州（乌石、英利、流沙）和徐闻（和安、海安、角尾、西连）等。不常见。

【生境】海边灌丛。

6～8月是拟蚬壳花椒盛果期
花枝：花期2～4月


## 145.拟蚬壳花椒

*Zanthoxylum laetum* Drake

芸香科Rutaceae　花椒属

【别名】花椒簕

攀缘藤本。茎枝、叶轴有钩刺。叶有小叶5～13，互生，卵形或卵状椭圆形，顶部尾状长或短尖。花序腋生；萼片4；花瓣4，黄绿色。果彼此疏离，红褐色，边缘紫红色。种子近圆球形，褐黑色。花期2～4月，果期5～10月。

【分布】雷州半岛各地。不常见。

【生境】村边、海边灌丛。常攀缘在其他植物上。

## 146.楝

*Melia azedarach* L.

楝科Meliaceae　楝属

【别名】苦楝、苦楝木

落叶乔木。二至三回奇数羽状复叶；小叶对生。圆锥花序；花瓣淡紫色，倒卵状匙形。核果球形或椭圆形；内果皮木质。花期4～6月，果期8～11月。

【分布】雷州半岛各地。常见。

【生境】喜生于村边空地、海边小树林、河口堤坝等。

花枝
10月下旬，廉江高桥河口的楝树正值果熟期


## 147.滨木患

*Arytera littoralis* Bl.

无患子科Sapindaceae　滨木患属

常绿小乔木或灌木。小枝圆柱状，有直纹和皮孔。小叶2～3对，或有4对，近对生，薄革质，长圆状披针形至披针状卵形。花序常紧密多花。蒴果的发育果爿椭圆形，橙黄色。花果期4～10月。

【分布】廉江（高桥、良垌）、遂溪（建新）、雷州（九龙山）等。不常见。

【生境】村边风水林、海边灌木林等。

蒴果深裂为2～3果爿，只有1或2果爿发育，发育果爿成熟时室背开裂
海边小树林中的滨木患

## 148.倒地铃

*Cardiospermum halicacabum* L.

无患子科Sapindaceae　倒地铃属

【别名】鬼灯笼、灯笼草、三角泡

一至二年生缠绕藤本。叶互生，二回三出复叶。聚伞花序腋生；花两性，白色。果膨大成灯笼状。花果期6～12月。

【分布】雷州半岛各地。海边常见。

【生境】喜生村边灌丛、海边沙地、围田基、河口堤坝、木麻黄林下等。海水偶有浸淹的地方可生长。

倒地铃果实像一个个三角形的绿灯笼挂在攀缘的枝条上

花枝

遂溪西溪河口与海杧果、银叶树等半红树生长在一起的鹅掌柴

## 149.鹅掌柴

*Schefflera heptaphylla* (L.) Frodin

五加科Araliaceae　鹅掌柴属

【别名】鸭脚木

乔木。掌状复叶有6～9小叶。伞形花序组合成圆锥花序；雌雄花同序，数朵雄花与一朵雌花包在同一个总苞内。浆果圆球形。花果期11月至翌年5月。

【分布】雷州（九龙山、流沙）、遂溪（杨柑、建新）、麻章（湖光）、廉江（高桥、良垌）等。区域常见。

【生境】风水林、河口堤坝等。

## 150.打铁树

*Myrsine linearis* (Loureiro) Poiret

紫金牛科Myrsinaceae　密花树属

【别名】火灰木、烧灰木

灌木至小乔木。互生叶肥绿、略肉质，常密生于枝顶。伞形花序；花白色或淡绿色。浆果球形，熟时紫黑色。花期12月至翌年2月，果期6～10月。

【分布】雷州半岛各地。不常见。树形优美、四季常绿，可作庭院绿化树种。

【生境】喜生于村边灌丛、风水林、河口堤坝等。

果枝

廉江高桥河口灌丛中的打铁树

廉江高桥海堤上的珠仔树

花枝

成熟的果实

## 151.珠仔树

*Symplocos racemosa* Roxb.

山矾科Symplocaceae　山矾属

灌木。植株被褐色毛。叶革质，长圆状卵形，先端急尖，基部圆或阔楔形，常具稀疏锯齿。总状花序；花冠白色，5深裂。核果长圆形，顶端宿萼裂片黄色；果熟后蓝黑色。花期1~4月，果期5~6月。

【分布】雷州半岛各地。区域常见。

【生境】喜生于村边灌丛、风水林、河口堤坝等。

## 152.牛眼马钱

*Strychnos angustiflora* Benth.

马钱科Loganiaceae　马钱属

【别名】牛眼珠

木质藤本。全株无毛。小枝常变为曲钩，老枝有时变成枝刺。革质叶卵形、椭圆形，基出脉3~5条。三歧聚伞花序顶生；花冠白色。浆果圆，成熟时橙黄色或红色。花期4~6月，果期7~12月。

【分布】廉江（高桥、良垌）、雷州（九龙山）等。少见。

【生境】村边灌丛、风水林、陡峭海岸等。

果枝

廉江车板龙头沙陡峭海岸上的牛眼马钱

## 153.扭肚藤

*Jasminum elongatum* (Bergius) Willdenow

木犀科Oleaceae　素馨属

【别名】白金银花、白花茶

攀缘状灌木。茎、叶被柔毛。单叶对生，纸质，卵形至卵状披针形。聚伞花序生于侧生枝顶；花有香气；花萼杯状；花冠白色，花冠管细长，5~9裂。浆果卵圆形，熟时黑色。花期5~12月，果期8月至翌年5月。

【分布】雷州半岛各地。较常见。

【生境】海边灌丛、河口堤坝等。

果枝

扭肚藤的花期长，但以5~6月、10~11月为主

## 154.青藤仔

*Jasminum nervosum* Lour.

木犀科Oleaceae　素馨属

【别名】香花藤、青藤

攀缘状灌木。单叶对生；叶卵状椭圆形至卵状披针形；基出脉3～5条。聚伞花序；花芳香；花萼杯状；花冠白色，花冠管8～10裂，线状披针形。浆果椭圆形，熟后黑色。花期3～9月，果期6～12月。

【分布】雷州半岛各地。较常见。

【生境】喜生于村边、海边灌丛、河口堤坝等。

廉江高桥海堤上的青藤仔

## 155.白皮素馨

*Jasminum rehderianum* Kobuski

木犀科Oleaceae　素馨属

【别名】白皮藤

攀缘灌木。小枝圆柱形，灰白色。单叶对生；叶薄革质，椭圆形、卵形，稀近圆形，先端钝而具短明显尖头。花单生于枝端或叶腋；花冠白色，高脚碟状；花冠管长2厘米，披针形裂片5枚，先端渐尖或锐尖。果常双生，成熟时椭圆形，黑色。花果期9月至翌年3月。

【分布】雷州（企水、乌石、英利、覃斗）、徐闻（海安、和安、角尾、西连）等。半岛南部常见。

【生境】村边、海边灌丛等。攀缘在其他植物上。

植株：白皮素馨花果期长而不集中，常常是一边开花，一边果熟

## 156.羊角拗

*Strophanthus divaricatus* (Lour.) Hook. et Arn.

夹竹桃科Apocynaceae　羊角拗属

【别名】大羊角扭、牛角藤

灌木，常蔓延。枝条密被皮孔。叶椭圆形或长圆形。顶生聚伞花序；花冠漏斗状，黄色，裂片披针形并延长成长尾而下垂，冠筒喉部有紫红色斑点。木质蓇葖果广叉生。花期3～7月，果期7月至翌年2月。

【分布】雷州半岛各地。较常见。

【生境】喜生于村边灌丛、海边灌丛、河口堤坝等。

羊角拗黄色的花冠漏斗状，裂片延长成长尾并下垂

羊角拗木质蓇葖果广叉生，像一对羊角，名由此而来

## 157.马兰藤

*Dischidanthus urceolatus* (Decne.) Tsiang

萝藦科Asclepiadaceae　马兰藤属

【别名】假瓜子金

藤本。茎灰褐色。叶薄革质，卵圆形至卵圆状披针形，顶端急尖，基部圆形。团集聚伞花序腋生；花冠黄绿色，坛状，生于花冠上的副花冠位于花冠裂片的弯缺处，加厚。蓇葖果双生，线状圆柱形。花期3~9月，果期5月至翌年2月。

【分布】雷州半岛各地。不常见。

【生境】喜生于村边、海边灌丛、木麻黄林下等。常攀缘在其他植物上。

廉江高桥河口，攀缘在倒吊笔上的马兰藤

## 158.南山藤

*Dregea volubilis* (L. f.) Benth. ex Hook. f.

萝藦科Asclepiadaceae　南山藤属

【别名】双根藤

木质大藤本。茎具皮孔。枝条灰褐色，具小瘤状凸起。叶宽卵形，顶端急尖，基部截形或浅心形。腋生伞形状聚伞花序具花数朵；花倒垂；花冠黄绿色；副花冠裂片生于雄蕊的背面，肉质膨胀。蓇葖果披针状圆柱形；外果皮被白粉，具多数皱棱条或纵肋。花期3~9月，果期8~12月。

【分布】东海（硇洲岛）、坡头（南三）等。极少见。

【生境】村边、海边灌丛、河口堤坝等。攀缘在其他高大植物上。

东海硇洲岛宋皇村海边灌丛上，攀缘生长的南山藤十分茂盛

## 159.匙羹藤

*Gymnema sylvestre* (Retz.) Schult.

萝藦科Asclepiadaceae　匙羹藤属

【别名】饭杓藤、羊角藤

木质藤本。茎具皮孔。叶倒卵形或卵状长圆形。聚伞花序腋生；花萼内面基部有5腺体；钟状花冠绿白色。蓇葖果卵状披针形。花期4~9月，果期10月至翌年2月。

【分布】雷州半岛各地。区域常见。

【生境】喜生于村边、海边灌丛、河口堤坝等。

徐闻北莉岛海边灌丛中的匙羹藤

## 160.卿鱼藤

*Secamone elliptica* R. Brown

萝藦科Asclepiadaceae　卿鱼藤属

【别名】黄花藤、小羊角

藤状灌木。具乳汁。叶近革质，对生，椭圆状披针形，上有腺点。腋生聚伞花序；辐状花冠黄色。披针形蓇葖果，双生叉开。花果期6～12月。

【分布】雷州（九龙山）、东海（硇洲岛）、坡头（南三）、廉江（高桥河口、鸡笼山）等有分布。少见。

【生境】喜生于村边、海边灌丛、河口堤坝等。攀缘在其他植物上。

东海硇洲岛，攀缘在木麻黄上的卿鱼藤

花枝

## 161.弓果藤

*Toxocarpus wightianus* Hook. et Arn.

萝藦科Asclepiadaceae　弓果藤属

【别名】牛角藤

攀缘藤本。近革质叶椭圆形或长圆形；叶脉上面凹陷；叶柄和小枝常被锈色毛。两歧聚伞花序腋生；总花梗近无；辐状花冠橙黄色，裂片狭披针形。粗壮蓇葖果直线叉开。花果期5～12月。

【分布】雷州（九龙山）、廉江（高桥河口、鸡笼山）、徐闻（西连）、东海岛等。不常见。

【生境】喜生于村边灌丛、河口堤坝等。

花枝：6～7月是弓果藤的盛花期，花色金黄

弓果藤的蓇葖果对生，形如弯弓，由此得名

## 162.蓝花耳草

*Hedyotis affinis* Roem. et Schult.

茜草科Rubiaceae　耳草属

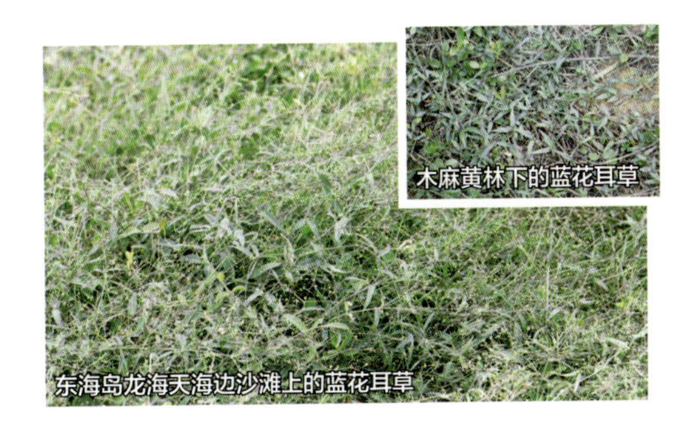
木麻黄林下的蓝花耳草

东海岛龙海天海边沙滩上的蓝花耳草

多年生匍匐草本。茎多分枝，枝近圆形，略被短毛。叶对生，线形至卵状披针形，长2～5厘米，宽2～8毫米，边缘粗糙；近无柄；托叶合生成托叶鞘。二歧聚伞花序复合成圆锥花序，具花多朵，腋生或顶生；花柱异长；花冠蓝紫色，花冠裂片4。蒴果球形，成熟时室背开裂。花果期5月至翌年2月。

【分布】东海岛、特呈岛、南三岛等。区域常见。

【生境】海边沙地、桉树或木麻黄林下。

## 163.细叶亚婆潮

*Hedyotis auricularia* var. *mina* Ko

茜草科Rubiaceae　耳草属

【别名】耳草、铺地毡草

多年生平卧草本。小枝有明显的纵槽纹，槽内被长柔毛。通常节上生根。叶卵形，少椭圆形，顶端短尖；侧脉每边2～3条，少4条。聚伞花序腋生，密集成头状；无总花梗；花冠白色，裂片4。果球形。花期几全年。

海边荒地上的细叶亚婆潮

【分布】雷州半岛各地。常见。

【生境】海边围田、沙地、河口堤坝、水沟边等较潮湿的地方。

## 164.伞房花耳草

*Hedyotis corymbosa* (L.) Lam.

茜草科Rubiaceae　耳草属

【别名】水线草

一年生披散草本。茎和枝方柱形，分枝多，多蔓生。叶对生，线形，两面略粗糙；近无柄。花序腋生，2～4花呈伞房花序式排列；花冠白色。蒴果膜质，球形，有不明显纵棱数条。花果期几全年。

【分布】雷州半岛各地。常见。田间杂草。

【生境】村边、海边荒地、河口堤坝、水沟边等。

海边荒地上的伞房花耳草

## 165.白花蛇舌草

*Hedyotis diffusa* Willd.

茜草科Rubiaceae　耳草属

【别名】蛇总管

一年生披散草本。全株无毛。茎稍扁。叶对生，无柄，膜质，线形。花4数，单生或双生于叶腋；花冠白色，管形。蒴果扁球形，萼宿存，成熟时顶部室背开裂。花果期4～10月。

【分布】雷州半岛各地。区域常见。

【生境】围田、海边荒地、河滩、水沟边等潮湿处。

海边荒草地上的白花蛇舌草

## 166.牛白藤

*Hedyotis hedyotidea* (DC.) Merr.

茜草科Rubiaceae　耳草属

【别名】大凉藤

藤本。植株粗糙。嫩枝方柱形，老时圆形。膜质叶对生，长卵形。伞形花序腋生和顶生；花冠白色，管形。蒴果近球形，直径2毫米，萼宿存，成熟时果室间开裂为2果爿。花果期4～10月。

河口灌丛中的牛白藤

【分布】廉江（高桥、九洲江口、鸡笼山）、遂溪（建新、杨柑）、麻章（湖乐、太平）、雷州（九龙山）等。不常见。

【生境】河口灌丛、海堤等。常攀缘在其他植物上。

## 167.盖裂果

*Mitracarpus hirtus* (L.) DC.

茜草科Rubiaceae　盖裂果属

直立草本。茎下部近圆柱形，上部具棱，被疏毛。叶无柄，长圆形、披针形；托叶鞘形，顶端刚毛状。花细小，簇生于叶腋内；花冠漏斗形。果近球形，直径约1毫米。花果期4～10月。

【分布】雷州半岛各地。常见。

【生境】村边、海边旷地等。

海边荒地上的盖裂果

## 168.鸡眼藤

*Morinda parvifolia* Bartl. ex DC.

茜草科Rubiaceae　巴戟天属

【别名】百眼藤

攀缘、缠绕藤本。嫩枝密被粗柔毛，具细棱。叶形多变，倒卵形、披针形或线形、倒卵状披针形等。头状花序；花冠白色。聚花果橙红色。花果期4～10月。

【分布】雷州半岛各地。较常见。

【生境】喜生于村边、海边灌丛、河口堤坝等。

花枝

攀缘在海漆上的鸡眼藤

## 169. 鸡矢藤

*Paederia foetida* L.

茜草科Rubiaceae　鸡矢藤属

【别名】臭鸡屎藤、鸡屎藤

攀缘藤本。叶形变化大，卵形、卵状长圆形、披针形。圆锥或聚伞花序，顶生或腋生；萼管钟形，5裂；紫红色花冠顶端5裂。果球形，熟时黄色。花果期5～11月。

【分布】雷州半岛各地。较常见。

【生境】喜生于村边灌丛、河口堤坝、养殖塘基等。

廉江鸡笼山，鸡矢藤覆盖在黄槿和海漆上

6月，海堤上的鸡矢藤正值盛花期

## 170. 阔叶丰花草

*Spermacoce alata* Aublet

茜草科Rubiaceae　纽扣草属

【别名】猪菜草、四方草

披散草本。茎、枝四棱形，具狭翅。叶椭圆至卵状长圆形。花无梗，数花丛生于托叶鞘内；萼檐4裂；白色或浅紫色花冠漏斗状，顶端4裂。蒴果椭圆形。花果期4～10月。

【分布】原产南美洲，以饲料植物引进，已归化。雷州半岛各地。常见。

【生境】荒田、海边沙地、河口堤坝等。

海边荒地上的阔叶丰花草

## 171. 光叶丰花草

*Spermacoce remota* Lamarck

茜草科Rubiaceae　纽扣草属

【别名】假耳草

多年生草本。茎常四棱形。近革质叶披针形，老时常带紫色。花多朵丛生成头状，生于托叶鞘内；无总花梗；萼檐4裂；花冠白色或有时带紫红色，4裂。蒴果近圆形。花果期5～11月。

【分布】原产美国东南部和西印度群岛，我国南方归化。雷州半岛各地。常见。田间杂草。

【生境】喜生海边围田、沙地、河口堤坝、木麻黄林下等。海水偶有浸淹的地方可生长。

海边荒地上的光叶丰花草

## 172.胜红蓟

*Ageratum conyzoides* L.

菊科Asteraceae　藿香蓟属

【别名】藿香蓟、臭草

一年生草本。茎直立，枝常淡红色或绿。叶多呈卵形，边缘具锯齿，基部钝或宽楔形。头状花序组成聚伞状花序，着生于枝顶；花冠白色或淡紫色。瘦果黑褐色，具5棱。花果期全年。

【分布】原产中南美洲。雷州半岛各地。常见。

【生境】村边空地、海边沙地、荒弃围田、河口堤坝等。

海边养殖塘基上的胜红蓟

## 173.豚草

*Ambrosia artemisiifolia* L.

菊科Asteraceae　豚草属

【别名】破布草

一至多年生草本。茎直立，分枝多，枝有棱，被糙毛。下部叶对生，具短柄；上部叶互生，无柄，羽状分裂。雄头状花序半球形或卵形，在枝端密集成总状花序；雌头状花序无花序梗。瘦果倒卵形藏于坚硬的总苞中。花果期8～12月。

【分布】原产北美洲。坡头（乾塘）、南三岛、廉江（营仔）、东海（民安）等。不常见。

【生境】喜生于村边空地、海边沙地、河口堤坝等。

果枝

廉江营仔河口，和红毛草等混生在海边荒地上的豚草

## 174.五月艾

*Artemisia indica* Willd.

菊科Asteraceae　蒿属

【别名】艾草

半灌木状草本。直立或斜向上。茎褐色或上部带红色，具纵棱。叶背面密被灰白色绒毛。头状花序卵形，在分枝上排成穗状花序式的总状花序；雌花花冠狭管状，檐部紫红色。瘦果长圆形、倒卵形。花果期8～11月。

【分布】雷州（九龙山、南渡河口）、徐闻（和安）、廉江（高桥、营仔）、遂溪（北潭）、东海岛等。不常见。

【生境】村边荒地、海边围田基、河口堤坝等。

花枝

廉江九洲江口红树林海堤上的五月艾

海堤上和厚藤等生长在一起的鬼针草

## 175.鬼针草

*Bidens pilosa* L.

菊科Asteraceae　鬼针草属

【别名】三叶鬼针草、白花鬼针草、一包针

一至多年生草本。茎直立，四棱形。茎下部叶3裂或不裂；茎中上部叶3出复叶，极少5～7小叶，边缘具锯齿。头状花序边缘具5～7舌状花；舌片白色。瘦果长圆具棱。花果期全年。

【分布】原产美洲，入侵物种。雷州半岛各地。常见。

【生境】村边空地、荒弃围田、海边沙地、河口堤坝、木麻黄林下等。

## 176.飞机草

*Chromolaena odorata* (L.) R. M. King et H. Robinson

菊科Asteraceae　飞机草属

【别名】香泽兰、民国草

多年生草本。茎粗壮、直立，具细条纹；分枝常对生；全部茎枝密被黄色茸毛。叶对生，卵形或卵状三角形，基部平截或浅心形，基出脉3。头状花序顶生并排成复伞房状花序；花白色或粉红色。瘦果狭线形。花果期4～12月。

【分布】原产墨西哥，外来入侵物种。雷州半岛各地。常见。

【生境】喜生于村边、海边荒地、河口堤坝、虾塘基等。海水偶有浸淹的地方可生长。

廉江九洲江口海堤上成片生长的飞机草
飞机草的头状花序顶生并排成复伞房状花序
飞机草有时也会攀缘在一些红树林上

## 177.地胆草

*Elephantopus scaber* L.

菊科Asteraceae　地胆草属

【别名】地胆头

多年生草本。根状茎常斜升，具纤维状根。茎直立，常二歧分枝。基部叶莲座状，匙形，顶端圆钝。头状花序多数；花淡紫色或粉红色。瘦果长圆状线形。花期6～12月。

【分布】雷州半岛各地。常见。

【生境】喜生于村边、海边荒草地、河口堤坝等。

花枝

海边荒草地上的地胆草

## 178.一点红

*Emilia sonchifolia* (L.) DC.

菊科Asteraceae　一点红属

【别名】红头草

海边荒地上的一点红

一年生草本。茎直立或斜升。叶质肥厚；下部叶卵状披针形或长圆状披针形，无柄，基部箭状抱茎，顶端急尖，上部叶少数，线形。头状花序在开花前下垂，花后直立，在枝端排列成疏伞房状；小花粉红色或紫色。瘦果圆柱形。花果期6～11月。

【分布】雷州半岛各地。较常见。

【生境】喜生村边荒地、海边沙地、河口堤坝、虾塘基、木麻黄林下等。

---

廉江高桥偶尔可见梁子菜与厚藤、假茉莉等混生在红树林岸边

## 179.梁子菜

*Erechtites hieraciifolius* (L.) Raf. ex DC. Rafinesque ex Candolle

菊科Asteraceae　菊芹属

【别名】饥荒菜、菊芹菜

一年生直立草本。枝具条纹，被疏柔毛。叶无柄，具翅，基部渐狭或半抱茎，披针形至长圆形。头状花序多数，在茎顶部排列成伞房状；总苞筒状，淡黄色至褐绿色；小花多数，全部管状，淡绿色略带红色。瘦果圆柱形，具明显的肋。花果期3～9月。

【分布】廉江（高桥、九洲江口）等。少见。

【生境】村边、海边空地、虾塘基等。

---

## 180.香丝草

*Erigeron bonariensis* L.

菊科Asteraceae　飞蓬属

【别名】野地黄菊

雷州附城海堤上的香丝草

一至二年生草本。植株斜升，具纤维状根。茎密被贴短毛。叶密集；基部叶花期常枯萎，下部叶倒披针形或长圆状披针形，中部和上部叶狭披针形或线形。头状花序多数，在茎端排列成总状或总状圆锥花序；雌花白色，两性花淡黄色。花期5～11月。

【分布】原产南美洲。雷州（南渡河口、东里、乌石）、麻章（湖光、太平）、湛江市区周边、东海岛等。区域常见。

【生境】喜生于村边空地、海边沙地、养殖塘基、河口堤坝等。

雷州乌石天然台椰树下的小蓬草

## 181.小蓬草

*Erigeron canadensis* L.

菊科Asteraceae　飞蓬属

【别名】加拿大蓬、小白酒花

一年生草本。茎直立，具纵棱和条纹，上部多分枝。基生叶倒披针形，花期枯萎；中上部叶线状披针形或线形，无柄，边缘被上弯的硬缘毛。头状花序多数排成帚状聚伞花序；花序托凸起；花冠细管状，檐部具1短小舌片。瘦果线状披针形。花果期5～10月。

【分布】原产北美洲。雷州半岛各地。常见。

【生境】村边空地、围田、海边沙地、养殖塘基、河口堤坝等。

## 182.苏门白酒草

*Erigeron sumatrensis* Retz.

菊科Asteraceae　飞蓬属

一至二年生草本。茎粗壮，直立，被较密灰毛。下部叶倒披针形或披针形，中部和上部叶渐小，狭披针形或近线形，具齿或全缘，两面被密毛。头状花序多数，在茎枝端排列成大而长的圆锥花序；花冠淡黄色。花期5～11月。

【分布】原产美洲。雷州半岛各地。常见杂草。

【生境】村边空地、围田、养殖塘基、河口堤坝等。

花枝

海边养殖塘基上的苏门白酒草

廉江高桥河口海水养殖塘基上的翅果菊

花枝

## 183.翅果菊

*Lactuca indica* L.

菊科Asteraceae　莴苣属

【别名】野莴苣、多裂翅果菊

一至二年生草本。茎直立。全株具乳汁，无毛。叶互生；茎下部叶花期枯萎，中上部叶线状披针形，倒向羽状全裂或深裂，基部呈戟状并半抱茎。头状花序于枝顶排成圆锥花序；舌状花多数，淡黄色。瘦果椭圆形，压扁。花果期6～12月。

【分布】雷州半岛各地。区域常见。

【生境】喜生海边沙地、河口堤坝、养殖塘基等。

## 184.微甘菊

*Mikania micrantha* H. B. K.

菊科Asteraceae　假泽兰属

【别名】蔓泽兰

多年生草本。全株无毛。具匍茎。基生叶莲座状，叶基部下延成叶柄，叶片匙状倒披针形，先端钝。头状花序；舌状花黄色。瘦果红棕色。花果期4～12月。

【分布】原产美洲，外来入侵物种。雷州半岛各地。常见。

【生境】喜生村边、海边灌丛、河口堤坝、虾塘基、红树林高潮带岸边等。海水偶有浸淹的地方可生长。常攀缘或覆盖在其他植物上。

攀缘在红树林上的微甘菊

花枝

廉江鸡笼山海岸，微甘菊覆盖在秋茄、卤蕨等红树植物上

## 185.假臭草

*Praxelis clematidea* (Griseb.) R. M. King et H. Rob.

菊科Asteraceae　假臭草属

【别名】假臭茉

一年生草本。全株被长柔毛。茎直立，多分枝。叶对生，具三出脉，卵圆形至菱形，有腺点；叶边缘齿状，先端急尖，基部圆楔形。头状花序；总苞钟形；小花蓝紫色。瘦果黑色，冠毛白色。花果期全年。

【分布】原产南美洲，外来入侵物种。雷州半岛各地。常见。

【生境】海边荒弃围田、沙地、河口堤坝、木麻黄林下等。海水偶有浸淹的地方可生长。

花枝

海边杂草丛中的假臭草

## 186.肿柄菊

*Tithonia diversifolia* A. Gray

菊科Asteraceae　肿柄菊属

【别名】假向日葵、五爪金英

一至多年生直立草本。茎基木质化。叶卵状三角形或近圆形，3～5深裂。头状花序顶生，具4层总苞片；舌状花舌片黄色，长卵形，檐部不明显3齿；管状花冠黄色。瘦果长椭圆形。花果期8～12月。

花枝

【分布】原产墨西哥，以观赏植物引入，常逸为野生。雷州（九龙山）、麻章（湖光）、东海岛等。区域常见。

【生境】村边、海边荒地、河口堤坝等。

麻章湖光海堤上生长旺盛的肿柄菊

## 187.羽芒菊

*Tridax procumbens* L.

菊科Asteraceae　羽芒菊属

8月中旬，廉江龙营围海堤上的羽芒菊正值盛花期

花枝

一至多年生草本。茎平卧，节处生多数不定根，枝被糙毛。中部叶片披针形，边缘有不规则的粗齿，近基部常浅裂，基生三出脉；上部叶小，披针形，边缘有粗齿或基部近浅裂。头状花序少数，单生于茎、枝顶端；花序梗长；总苞钟形；雌花1层，舌状；两性花多数，花冠管状。瘦果干时黑色，冠毛羽毛状。花期8月至翌年3月。

【分布】雷州半岛各地。常见。

【生境】喜生村边荒地、海边沙地、河口堤坝、虾塘基等。

---

## 188.夜香牛

*Vernonia cinerea* (L.) Less.

菊科Asteraceae　斑鸠菊属

花枝：11～12月是夜香牛的盛花期

海堤上的夜香牛

【别名】夜牛香、小咸虾花

一至多年生草本。茎直立，具条纹，被灰色贴生短柔毛，具腺。中、下部叶菱状卵形或卵形，具柄；上部叶狭披针形，几无柄。头状花序多数在茎枝端排列成伞房状圆锥花序；花淡红紫色；花冠管状。瘦果圆柱形。花果期几全年。

【分布】雷州半岛各地。常见。

【生境】村边空地、海边沙地、河口堤坝、木麻黄林下等。

---

花枝

植株

## 189.白花丹

*Plumbago zeylanica* L.

白花丹科Plumbaginaceae　白花丹属

【别名】白雪花

攀缘亚灌木。叶长卵形，先端渐尖，基部骤狭后渐狭成柄。花白色；萼管全体被腺毛。蒴果长圆形。花果期9月至翌年4月。

【分布】雷州半岛各地。区域常见。

【生境】喜生于村边灌丛、河口泥质堤坝、海边木麻黄林下等。较耐盐。

## 190.大尾摇

*Heliotropium indicum* L.

紫草科Boraginaceae　天芥菜属

【别名】象鼻癀

一年生草本。叶互生至近对生。蝎尾状聚伞花序；花无梗；花冠浅蓝色。核果具果。花果期2～10月。

【分布】雷州半岛各地。区域常见。

【生境】喜生于村边空地、荒弃围田、河口冲积滩等。

花枝：顶生的双叉蝎尾状聚伞花序末端卷曲，形如毛毛虫或象鼻子，故又称"象鼻癀"

海边围田基上的大尾摇

## 191.细叶天芥菜

*Heliotropium strigosum* Willd.

紫草科Boraginaceae　天芥菜属

一至多年生草本。茎细弱，平卧或斜升。叶密集，线状披针形，边缘通常向下反卷；近无柄。镰状聚伞花序；少花；花冠白色，漏斗状。果实扁球形，密生糙毛。花果期7～10月。

【分布】雷州（流沙、覃斗、英利）、徐闻（西连）等。少见。

【生境】海边沙质荒地。

细叶天芥菜花期以7～8月为主

雷州流沙镇海边沙质荒地上的细叶天芥菜

## 192.洋金花

*Datura metel* L.

茄科Solanaceae　曼陀罗属

【别名】白花曼陀罗、鬼颠桃

亚灌木。茎基木质化。互生叶卵形或广卵形，基部不对称心形或楔形，边缘3～4浅裂。花萼管状；花冠喇叭形，白色。蒴果球形，被粗刺。花果期2～12月。有毒植物。

雷州附城海堤上的洋金花

【分布】原产印度，现已归化。雷州半岛各地。较常见。

【生境】喜生于村边空地、荒弃围田、河口堤坝等。

## 193.苦蘵

*Physalis angulata* L.

茄科Solanaceae　酸浆属

【别名】灯笼草、朴仔草

一年生草本。叶片卵形至卵状椭圆形。花单生叶腋；花萼5中裂，裂片针形；花冠淡黄色；花药黄色或淡紫色；纸质宿存萼卵球状。球形浆果藏于宿萼内。花果期4～12月。

【分布】雷州半岛各地。较常见。

【生境】村边空地、海边围田、沙地、河口堤坝、木麻黄林下等。

海边荒地上与海刀豆等混生的苦蘵

果枝

## 194.少花龙葵

*Solanum americanum* Miller

茄科Solanaceae　茄属

【别名】白花菜、扣子草

一至多年生草本或亚灌木。茎披散，具棱，多分枝。膜质叶近椭圆形或卵状披针形，基部下延成翼状。伞形花序近腋生；花萼杯状；花冠白色，星状5中裂；花药黄色。浆果球形，熟时紫黑色。花果期几全年。

【分布】雷州半岛各地。较常见。

【生境】喜生于村边空地、海边围田、河口湿地、木麻黄林下等。

花果枝：少花龙葵嫩叶可作野菜，果熟后可食用，其花白色，故又称"白花菜"

海边杂灌丛中的少花龙葵

## 195.海南茄

*Solanum procumbens* Loureiro

茄科Solanaceae　茄属

【别名】细颠茄、耳环桃

披散、攀缘灌木。小枝嫩时密被细星状毛。茎具黄色倒钩刺。蝎尾状聚伞花序腋外生或顶生；花萼杯状4裂；花冠白色或淡红色，冠檐4深裂至全裂。浆果球形，宿存萼向外反折，果熟时红色。花期4～6月，果期6～11月。

【分布】雷州半岛各地。区域常见。

【生境】村边灌丛、河口堤坝、木麻黄林下等。

果枝

花枝

麻章湖光海堤上的海南茄

## 196.水茄

*Solanum torvum* Swartz

茄科Solanaceae　茄属

【别名】野茄子、金衫扣

灌木。植株被土色星状毛。小枝疏具皮刺。叶单生或双生，卵形至椭圆形，基部心脏形或楔形，两边不相等，边缘半裂或波状。伞房花序腋外生；花白色；萼杯状；花冠辐形。光滑浆果黄色，圆球形。花果期几全年。

【分布】雷州半岛各地。不常见。

【生境】村边空地、海边灌丛、河口堤坝等。

花枝
雷州附城红树林海堤上的水茄

## 197.野茄

*Solanum undatum* Lamarck

茄科Solanaceae　茄属

【别名】丁茄、颠茄

直立亚灌木。小枝、叶下面、叶柄、花序均密被星状毛。小枝具皮刺，先端微弯。叶卵形至卵状椭圆形，边缘浅波状圆裂。蝎尾状花序近腋生；能孕花较大，萼钟形，花冠紫蓝色。光滑浆果球状，成熟时黄色；果柄顶端膨大。花期6～9月，果熟期8～12月。

【分布】雷州半岛各地。不常见。

【生境】喜生于村边空地、海边灌丛、河口堤坝等。

果枝：金黄色的果实圆如玻璃球，是旧时小孩的玩具
海边杂灌丛中的野茄

## 198.掌叶鱼黄草

*Camonea vitifolia* (Burm. F.) A. R. Simões et steples

旋花科Convolvulaceae　苿栾藤属

【别名】掌叶山猪菜

缠绕或平卧草本。茎带紫色，圆柱形，具条纹。叶基部心形，多为掌状5裂。聚伞花序腋生；花冠黄色，漏斗状，冠檐具5钝裂片，瓣中5条显著的脉。蒴果近球形，4瓣裂。花果期2～6月。

徐闻锦和海边，掌叶鱼黄藤攀缘在灌丛上

【分布】雷州（九龙山）、徐闻（和安）等。不常见。

【生境】陡峭海岸、村边灌丛、木麻黄林下等。常成片匍匐地上或攀缘在其他植物上。

花枝
海边草地上的土丁桂
海岸一些地方也可以见到土丁桂的变种银丝草*Evolvulus alsinoides* var. *decumbens* (R. Br.) v. Ooststr.，其叶子呈线形或长披针形

## 199. 土丁桂

*Evolvulus alsinoides* (L.) L.

旋花科Convolvulaceae　土丁桂属

【别名】银丝草、白头妹

多年生草本。叶长圆形或近卵形。聚伞花序腋生；花冠碟状，浅蓝色或淡紫色。蒴果球形。花果期2～12月。

【分布】雷州半岛各地。不常见。

【生境】荒坡、海边沙地、河口堤坝、木麻黄林下等。

## 200. 猪菜藤

*Hewittia malabarica* (L.) Suresh

旋花科Convolvulaceae　猪菜藤属

【别名】野薯藤

草质藤本。茎被柔毛，具棱。叶近戟形；基出脉5。花冠多为淡黄色，少偏白色，中央深紫色。蒴果扁球形。花果期全年。

海堤上与厚藤混生的猪菜藤

【分布】雷州半岛各地。较常见。

【生境】喜生于村边灌丛、海边沙地、河口堤坝、木麻黄林下等。海水偶有浸淹的地方可生长。

## 201. 蕹菜

*Ipomoea aquatica* Forsskal

旋花科Convolvulaceae　番薯属

【别名】空心菜、通菜

一至多年生草本，蔓生或漂浮于水面。茎圆柱形，有节；节间中空，节上生根。叶片形状、大小变化大，卵形至长卵状披针形，基部心形、戟形或箭形等，全缘或少数裂齿。聚伞花序腋生；花冠白色、淡紫色，漏斗状。蒴果卵球形。花果期9～12月。

植株
廉江良垌鸡笼山红树林，蕹菜和老鼠簕、卤蕨等生长在河口冲积滩上

【分布】雷州半岛各地，栽培或野生。常见。

【生境】野生的见于浅水塘、水沟边、河口冲积湿地等。海水偶有浸淹的地方可生长。

## 202.五爪金龙

*Ipomoea cairica* (L.) Sweet

旋花科Convolvulaceae　番薯属

【别名】紫牵牛

多年生缠绕草本。全株无毛。老时根上具块根。茎有细棱，或有小疣状凸起。叶掌状5深裂或全裂。聚伞花序腋生；花冠紫红色、淡红色或白色，漏斗状。蒴果球形。种子黑色，边缘被褐色柔毛。花果期6～12月。

五爪金龙花冠多为紫红色、淡红色，白色花较少见

麻章太平镇岭头岛红树林，攀缘在无瓣海桑树上的五爪金龙

【分布】原产热带亚洲或非洲，已归化。雷州半岛各地。区域常见。

【生境】村边、河沟边、海边灌丛等。海水偶有浸淹的地方可生长。

## 203.小心叶薯

*Ipomoea obscura* (L.) Ker Gawl.

旋花科Convolvulaceae　番薯属

【别名】野牵牛、紫心叶薯

缠绕藤本。叶卵形，基部心形，全缘或微波状。聚伞花序腋生；总花梗细长；花冠漏斗状，淡黄色或偏白，中央紫色。蒴果卵形。花果期2～11月。

【分布】雷州半岛各地。常见。

【生境】喜生于海边灌丛、沙地、河口堤坝、木麻黄林下等。

海边灌丛里攀缘在露兜树上的小心叶薯

## 204.虎掌藤

*Ipomoea pes-tigridis* L.

旋花科Convolvulaceae　番薯属

【别名】虎脚牵牛、虎掌牵牛

一年生平卧藤本。全株被黄色硬毛。叶掌状3～9深裂。聚伞花序花密集成头状；漏斗状花冠白色，极少淡紫色。蒴果卵形。花果期3～12月。

【分布】雷州（附城）、麻章（湖光）、东海岛、徐闻（和安）等。不常见。

【生境】喜生于海边沙地、河口堤坝、木麻黄林下等。

果枝

徐闻和安北莉岛海岸沙地上的虎掌藤

## 205.圆叶牵牛

*Ipomoea purpurea* Lam.

旋花科Convolvulaceae　番薯属

【别名】牵牛花

一年生缠绕草本。茎被毛。叶圆心形，全缘或浅3裂。花腋生，单一或2～5花着生于花序梗顶端成伞形聚伞花序；花冠漏斗状，蓝紫色或白色，花冠管通常白色。蒴果近球形，3瓣裂。种子卵状三棱形，被短糠粃状毛。花果期8～12月为主。

【分布】原产南美洲，已归化。雷州半岛各地。常见。

【生境】村边、海边灌丛、河口堤坝等。

叶子多为三浅裂，偶有全缘

## 206.三裂叶薯

*Ipomoea triloba* L.

旋花科Convolvulaceae　番薯属

【别名】小花假番薯、紫心叶薯

一年生缠绕草本。叶卵状三角形或近圆形。聚伞花序腋生；总花梗粗壮；无总苞片；漏斗状花冠粉红色或近淡紫色。蒴果近球形。花果期7月至翌年2月。

【分布】原产南美洲，已经归化。雷州半岛各地。较常见。

【生境】村边荒地、海边沙地、河口堤坝、木麻黄林下等。

花果枝
海边灌丛中的三裂叶薯

## 207.小牵牛

*Jacquemontia paniculata* (N. L. Burman) H. Hallier

旋花科Convolvulaceae　小牵牛属

【别名】假牵牛

缠绕草本。茎被柔毛。叶卵形或卵状长圆形，先端渐尖或尖，基部心形。伞状聚伞花序；花冠淡红色或白色，漏斗状。蒴果4瓣裂。花果期8～12月。

【分布】廉江（高桥）、雷州（东里、企水）、徐闻（迈陈）等。不常见。

【生境】海边灌丛、河口堤坝等。攀缘在其他植物上。

花枝
攀缘在海边灌丛上的小牵牛

## 208. 篱栏网

*Merremia hederacea* (Burm. f.) Hall. f.

旋花科Convolvulaceae　鱼黄草属

【别名】蛤仔藤、伞花鱼黄藤

草质缠绕藤本。叶卵形，基部阔心形。二歧聚伞花序腋生；总花梗细长；碗状花冠黄色。蒴果扁球形。花果期9月至翌年2月。

【分布】雷州半岛各地。较常见。

【生境】村边空地、菜园边、河口冲积滩、堤坝、木麻黄林下等。

花枝

海边灌丛中攀缘在露兜树上的篱栏网

## 209. 茑萝松

*Ipomoea quamoclit* L.

旋花科Convolvulaceae　茑萝属

【别名】五角星花、羽叶茑萝

一年生柔弱缠绕草本。叶卵形或长圆形，羽状深裂至中脉，具多对线形至丝状的平展细裂片。聚伞花序腋生；花直立；花柄在果时增厚成棒状；花冠高脚碟状，深红色，冠檐开展。蒴果卵形，4瓣裂。花果期9月至翌年2月。

【分布】原产美洲，以观赏植物引进。雷州半岛各地人工种植或逸为野生。不常见。

【生境】村边、海边灌丛、木麻黄林下等。常攀缘在其他植物上。

廉江高桥红树林，攀缘在无瓣海桑树上的茑萝松

## 210. 地旋花

*Xenostegia tridentata* (L.) D. F. Austin et Staples

旋花科Convolvulaceae　地旋花属

【别名】尖萼鱼黄草、尖萼山猪菜

草质藤本。叶形变化大，长圆形至线形，基部戟形。聚伞花序腋生；钟状花冠黄色。蒴果卵球形。花果期几全年。

【分布】雷州半岛各地。较常见。

【生境】喜生于海边灌丛、沙地、河口堤坝、木麻黄林下等。常匍匐地上或攀缘在其他低矮植物上。

海边草地上的地旋花

花果枝

## 211. 田玄参

*Bacopa repens* (Swartz) Wettst.

玄参科Scrophulariaceae　假马齿苋属

【别名】匍匐假马齿苋、巴戈草

一年生草本。茎匍匐，节上生根。叶对生，肉质多汁，倒卵形至倒卵状披针形；无柄。花腋生，初直立而后常下垂；无小苞片；花瓣白色，边缘具缘毛；花丝与花药等长。蒴果球状。花果期7～11月。

【分布】廉江（高桥、九洲江口）等。少见。

【生境】喜生于潮湿稻田、海边荒弃围田等湿地。

10月，廉江高桥海边荒水田的田玄参正值盛花期

## 212. 直立石龙尾

*Limnophila erecta* Benth.

玄参科Scrophulariaceae　石龙尾属

一年生草本。茎直立或斜升，多分枝，无毛或疏被短硬毛。叶对生，条状椭圆形，具圆齿；无柄；羽状脉不明显。花多单生叶腋，或成腋生或顶生的总状花序；花冠粉红色或偏白。蒴果卵珠形。花果期8～11月。

【分布】廉江（九洲江口、高桥）等。少见。

【生境】海边荒水田。

10月，廉江高桥海边荒水田中的匍匐石龙尾正值盛花期

## 213. 母草

*Lindernia crustacea* (L.) F. Muell.

玄参科Scrophulariaceae　母草属

【别名】四方拳草、铺地莲、蟹眼草

草本。茎多分枝，四棱形。叶阔卵形，边缘具锯齿。花单生叶腋或顶生总状花序；花冠淡紫色带白色。蒴果椭圆形。花果期5～12月。

【分布】雷州半岛各地。常见。

【生境】村边荒地、海边围田、河口冲积区域、木麻黄林下等较潮湿之地。

海边荒地上的母草

## 214.细叶母草

*Lindernia tenuifolia* (Colsm.) Alston

玄参科Scrophulariaceae　母草属

【别名】线叶母草

一年生矮小草本。常丛生。茎稍斜上升，分枝多，具棱。叶条形，稍抱茎，边缘有稀疏而不明显的锯齿或全缘；无柄。花与叶对生；花冠粉红色，二唇形，上唇不明显2裂，下唇3裂，中间裂片较大。蒴果圆柱形，果梗反折。花果期5～11月。

【分布】廉江（高桥、九洲江口）等。少见。

【生境】海边水沟边、荒弃围田等湿地。

廉江高桥红树林，荒废围田上与螺旋鳞荸荠、假马齿苋等混生的细叶母草

植株

海边荒地上的野甘草

花枝

## 215.野甘草

*Scoparia dulcis* L.

玄参科Scrophulariaceae　野甘草属

【别名】冰糖草、米仔草

草本或亚灌木。枝具棱。叶对生或3叶轮生。腋生花白色。蒴果卵形。花果期几全年。

【分布】原产美洲，现已归化。雷州半岛各地。常见。

【生境】村边荒地，海边围田、河口冲积滩、木麻黄林下等。

## 216.假杜鹃

*Barleria cristata* L.

爵床科Acanthaceae　假杜鹃属

【别名】草杜鹃、洋杜鹃

直立亚灌木。嫩枝具四棱，被紧贴长柔毛。纸质叶对生，长椭圆形或椭圆形，基部渐狭而下延，叶两面被柔毛。穗状花序短小，数花簇生于腋生短枝顶；花冠淡紫色、白色或淡蓝色。蒴果长圆形，两端急尖。花期10月至翌年1月。

【分布】原产印度及缅甸。廉江（高桥、车板）、徐闻（和安、西连）、雷州（企水）等。区域常见。亦见以观赏植物栽培。

【生境】村边、海边灌丛、海堤等。

花枝

雷州调风海边灌丛中的假杜鹃

## 217.山牵牛

*Thunbergia grandiflora* (Rottl. ex Willd .) Roxb.

爵床科Acanthaceae　山牵牛属

【别名】大花老鸦嘴

攀缘灌木。嫩枝条常四棱形，主节下有黑色巢状腺体。叶卵形、宽卵形至心形。花单生或成顶生总状花序；花冠檐蓝紫色，裂片圆形。蒴果被短柔毛。花果期7月对翌年2月。

【分布】徐闻（和安、西连、角尾）、雷州（企水、调风、东里、乌石）等。半岛南部较常见。

【生境】村边、海边灌丛、海堤等。

山牵牛花大而美丽，花期较长，7月至翌年2月可见开花，也作观赏植物栽培

雷州九龙山，攀缘在鹊肾树上的山牵牛

## 218.大青

*Clerodendrum cyrtophyllum* Turcz.

马鞭草科Verbenaceae　大青属

【别名】鸭公青、猪屎青

灌木。叶纸质，长椭圆形或长圆状披针形。聚伞花序多个排成伞房状，顶生或腋生；花萼杯状，5深裂；花冠白色。核果圆形，成熟时青蓝色，托于红色的宿萼上。花果期5月至翌年3月。

【分布】雷州半岛各地。常见。

【生境】村边空地、河口堤坝、虾塘基、木麻黄林下等。

生长在海边养殖塘基上的大青

花枝

果枝

## 219.马缨丹

*Lantana camara* L.

马鞭草科Verbenaceae　马缨丹属

【别名】五色梅、五色花、老几花

灌木。枝条方形，具细小的倒钩刺。头状花序；花冠以黄色为主，间有粉红色、红色、淡紫色等。核果球形，熟时黑色。花果期几全年。

【分布】原产南美洲，已归化。雷州半岛各地。较常见。

【生境】喜生于村边空地、河口堤坝、虾塘基等。

高桥红树林海堤上的马缨丹

花枝

果枝

## 220.假马鞭

*Stachytarpheta jamaicensis* (L.) Vahl

马鞭草科Verbenaceae　假马鞭属

【别名】玉龙鞭、倒扣藤

多年生粗壮草本。叶椭圆形至卵状椭圆形，边缘具粗锯齿。穗状花序顶生；花单生于苞腋内，一半嵌生于花序轴；花萼管状；花冠蓝紫色或白色，檐部5裂。果隐藏于膜质的宿萼内。花果期7～11月。

花枝

徐闻西连水尾红树林海堤上的假马鞭

【分布】原产中南美洲，现已归化。雷州半岛各地。较常见。

【生境】村边空地、海边沙地、荒弃围田、河口堤坝、养殖塘基等。

海边荒地上的绉面草

花枝：圆球状轮伞花序着生于枝条顶端

## 221.绉面草

*Leucas zeylanica* (L.) R. Br.

唇形科Labiatae　绣球防风属

【别名】蜂斗草

一年生草本。叶长圆状披针形。轮伞花序腋生，着生于枝条的上端，小圆球状，直径小于2厘米，其下承以少数苞片；花白色。花果期全年。

【分布】雷州半岛各地。较常见。

【生境】喜生于沙质海岸、围田边、木麻黄林下等。

## 222.竹节菜

*Commelina diffusa* N. L. Burm.

鸭跖草科Commelinaceae　鸭跖草属

【别名】竹节草、节节菜

一年生披散草本。节上生根。叶披针形；叶鞘上常有红色小斑点。蝎尾状聚伞花序通常单生于分枝上部；花序自基部开始二叉分枝；花瓣蓝色。蒴果矩圆状三棱形。种子黑色，卵状长圆形。花果期5～12月。

海边围田杂草丛中的竹节菜

【分布】雷州半岛各地。较常见。

【生境】海边围田、水沟边、河口冲积滩等湿润之处。

## 223.狭叶水竹叶

*Murdannia kainantensis* (Masam.) Hong

鸭跖草科Commelinaceae　水竹叶属

多年生草本。主茎具多枚成丛的基生叶；可育茎通常数支由主茎基部发出。基生叶狭长，长10～20厘米，宽3～5毫米；茎生叶短。每支茎上有蝎尾状聚伞花序2～3个，头状，密生数朵花。蒴果宽椭圆状三棱形。花果期4～9月。

【分布】东海（民安、东山）、雷州（东里）、坡头（南三）等。少见。

【生境】海边木麻黄林下。

花果枝

东海西湾，狭叶水竹叶生长在海边的木麻黄林下

## 224.裸花水竹叶

*Murdannia nudiflora* (L.) Brenan

鸭跖草科Commelinaceae　水竹叶属

【别名】鸭舌头、竹叶草

多年生草本。叶全部茎生，披针形。蝎尾状聚伞花序；花梗细而直；花瓣紫色。蒴果卵圆状三棱形。花果期6～10月。

【分布】雷州半岛各地。区域常见。

【生境】喜生于海边围田、河口冲积滩、木麻黄林下等。

海边荒地上的裸花水竹叶

## 225.硬叶葱草

*Xyris complanata* R. Br.

黄眼草科Xyridaceae　黄眼草属

多年生草本。具粗壮须根。叶线形，坚挺厚实，边缘增厚，干时具条纹。花莛直立，常向左扭曲；头状花序长圆状卵形至长圆柱形；花瓣黄色。种子卵圆形，具纵条纹。花果期6～11月。

【分布】廉江（营仔龙营围、高桥红寨围）等。少见。

【生境】海边沙质草地、荒田。

廉江高桥红寨围荒草地上的硬叶葱草（夏季）

花

廉江龙营围海边沙地上的硬叶葱草（冬季）

## 226.凤梨

*Ananas comosus* (L.) Merr.

凤梨科Bromeliaceae　凤梨属

【别名】簕古麻、菠萝

多年生草本。茎短。剑形叶多数，莲座式排列，上面绿色，背面粉绿色，边缘和顶端常带褐红色。花序松球状；花瓣长椭圆形，上部紫红色，下部白色。聚花果肉质。花果期几全年，果期以5～8月为主。

【分布】原产南美洲，以水果引入。徐闻、雷州等地大量人工种植，偶有野生。区域常见。

【生境】野生植株偶见于海边灌丛、木麻黄或桉树林下。

野生植株

雷州九龙山海边坡地上人工种植的凤梨

## 227.海南山姜

*Alpinia hainanensis* K. Schumann

姜科Zingiberaceae　山姜属

【别名】草豆蔻、野姜

花序顶生

雷州九龙山海边灌丛中的海南山姜

多年生草本。叶片狭椭圆形或线状披针形。总状花序顶生，花序轴密被粗毛；小苞片乳白色；花萼钟状，白色；花冠白色，后部具淡紫红色斑点。蒴果圆形，熟时黄色。花果期4～9月。

【分布】雷州（企水、调风）、徐闻（迈陈、和安）等。半岛南部较多见。

【生境】村边、海边灌丛、河口堤坝等。

## 228.天门冬

*Asparagus cochinchinensis* (Lour.) Merr.

百合科Liliaceae　天门冬属

攀缘植物。茎平滑，常弯曲，分枝具棱。叶状枝通常每3枚成簇，扁平如镰刀状。叶退化成鳞片状，基部延伸为硬刺。花腋生，淡绿色。浆果圆形，熟时红色。花果期4～11月。

【分布】东海（硇洲岛）、徐闻（西连）。极少见。

【生境】海边岩石海岸。

攀缘在海岸石头上的天门冬

廉江九洲江口，从上游漂浮下来的凤眼蓝

海边围田小水塘上的凤眼蓝：凤眼蓝花鲜艳美丽，常作水生观赏植物种植；但其繁殖速度快，逸为野生后导致河道堵塞、水体富营养化等，引发生态灾害

## 229. 凤眼蓝

*Eichhornia crassipes* (Mart.) Solme

雨久花科Pontederiaceae　凤眼蓝属

【别名】水葫芦、水浮莲

浮水植物。叶基生，莲座状排列，深绿色叶厚质，圆形、卵形或宽菱形，顶端圆钝，基部多宽楔；叶脉弧形；叶柄中部膨大如球，内有气囊。花莛单生；穗状花序有花数枚；花蓝色、淡紫色或偏白。蒴果卵形。花期7～12月。

【分布】原产南美洲，外来入侵物种。雷州半岛各地。常见。

【生境】池塘、河流、水田和沟渠等，亦见于河口咸淡水交界处。

## 230. 黄独

*Dioscorea bulbifera* L.

薯蓣科Dioscoreaceae　薯蓣属

【别名】金钱吊蟾蜍、零余子

多年生缠绕草本。茎左旋，密布须根。单叶互生，广心形，全缘。花单性；雄花序穗状下垂，丛生于叶腋，花浅绿白色。蒴果三棱状长圆形。花果期6～12月。

【分布】雷州半岛各地。不常见。

【生境】村边灌丛、河口堤坝、木麻黄林下等。常攀缘在其他植物上。

攀缘在海边杂灌丛中的黄独

黄独下垂的穗状雄花序

## 231. 龙舌兰

*Agave americana* L.

龙舌兰科Agavaceae　龙舌兰属

多年生植物。叶呈莲座式排列，肉质，倒披针状线形，叶缘具疏刺，顶端为硬尖刺。大型圆锥花序；花黄绿色。蒴果长圆形。花果期4～11月。

【分布】原产南美洲，以纤维植物引入栽培。雷州半岛南部有逸为野生。不常见。

【生境】海边荒地、灌木丛等。

硇洲岛那晏湾海岸上与草海桐混生的龙舌兰

硇洲岛岩石海岸上的龙舌兰

## 232.剑麻

*Agave sisalana* Perr. ex Engelm.

龙舌兰科Agavaceae　龙舌兰属

【别名】凤尾兰

多年生植物。茎粗短。叶呈莲座式排列，刚直，肉质，剑形。圆锥花序粗壮，高可达7米；花黄绿色。蒴果长圆形。常靠生长大量的珠芽进行繁殖。花果期3～11月，花期以5～6月为主。

【分布】原产墨西哥，作为纤维植物引入栽培。雷州半岛南部有逸为野生。不常见。

【生境】海边沙地、灌木丛等。

徐闻西连水毛村红树林旁野生的剑麻：高大的圆锥花序高达数米

徐闻角尾海边，与仙人掌等生长在木麻黄林下的剑麻

## 233.刺葵

*Phoenix loureiroi* Kunth

棕榈科Arecaceae　海枣属

【别名】台湾海枣、猪谳怕

丛生灌木。叶披散，弧状弯拱；裂片线状披针形，单生或数枚聚生，着生于叶轴两侧不同平面。肉穗花序生叶腋；佛焰苞黄绿色；雄花蕾三角形，花瓣长圆形；雌花近球形。果长圆形，橘黄色后变黑色。花果期4～10月。

【分布】雷州（调风、覃斗）、东海（硇洲岛）、徐闻（海安、迈陈、角尾）等。不常见。

【生境】海边山坡、杂灌丛、岩石海岸等。

果期：6~10月

生长在海边岩石丛中的刺葵

## 234.美冠兰

*Eulophia graminea* Lindl.

兰科Orchidaceae　美冠兰属

【别名】蒜头兰

草本。假鳞茎卵球形或近球形，常部分露出地面，有时多个假鳞茎聚生成簇团；花莛从假鳞茎一侧节上发出，中部以下有数枚鞘；总状花序直立，常有1～2个侧分枝；花苞片线状披针形；花橄榄绿色；花瓣狭卵形。蒴果下垂，长椭圆形。花期3～5月，果期5～6月。

【分布】雷州半岛各地。不常见。

【生境】海边沙地、河口堤坝、木麻黄林下等。

东海岛西湾木麻黄林下的美冠兰

果枝：果期5~6月

廉江高桥红寨围草地上的绶草：花期3～5月

## 235.绶草

*Spiranthes sinensis* (Pers.) Ames

兰科Orchidaceae　绶草属

【别名】盘龙草

多年生宿根草本。具簇生肉质根。叶线状披针形，无柄，簇生于基部。顶生穗状花序；多数小花呈螺旋排列；花红色、粉红色或白色。长椭圆形蒴果被毛。花果期3～8月。

【分布】雷州（九龙山）、廉江（高桥）、东海岛等。不常见。

【生境】海边潮湿草地。

## 236.球柱草

*Bulbostylis barbata* (Rottb.) C. B. Clarke

莎草科Cyperaceae　球柱草属

【别名】畎莎、油麻草

一年生草本。无根状茎，秆丛生而纤细。线形叶纸质，极细。长侧枝聚伞花序头状，具密聚的无柄小穗多枚；小穗披针形或卵状披针形。小坚果倒卵形，具盘状的花柱基。花果期4～11月。

【分布】雷州半岛各地。海边较常见。

【生境】村边空地、海边沙地、木麻黄林下等。

雷州企水海角村海边沙地上的球柱草

徐闻和安后湖村海边荒地上的球柱草

球柱草小穗多枚簇生，排列成头状的长侧枝聚伞花序

## 237.毛鳞球柱草

*Bulbostylis puberula* (Poir.) C. B. Clarke

莎草科Cyperaceae　球柱草属

一年生草本。秆丛生，细而无毛。线形叶纸质。长侧枝聚伞花序，简单或复出；小穗单生，卵状长圆形或卵形。小坚果倒卵形，三棱形。花果期4～11月。

【分布】雷州半岛东西海岸。不常见。

【生境】海边沙地。

毛鳞球柱草小穗单生，排列成长侧枝聚伞花序

雷州纪家海边沙地上的毛鳞球柱草

## 238.扁穗莎草

*Cyperus compressus* L.

莎草科Cyperaceae　莎草属

一年生草本。丛生，秆纤细，锐三棱形，基部多叶。叶状苞片长于花序。长侧枝聚伞花序简单，具数个辐射枝；穗状花序近于头状；小穗排列紧密，斜展，线状披针形；鳞片紧贴的复瓦状排列。小坚果倒卵形。花果期6～12月。

【分布】雷州半岛各地。少见。

【生境】海边围田、荒草地、河口湿地等。

海边草地上与孟仁草等混生的扁穗莎草

徐闻和安后湖海边，泥质海堤上与厚藤、粗根茎莎草等混生的扁穗莎草

## 239.异型莎草

*Cyperus difformis* L.

莎草科Cyperaceae　莎草属

【别名】异穗莎草

一年生草本。多须根。扁三棱形茎丛生。叶短于秆。头伞花序近球形，由小穗聚集，呈放射状排列。小坚果淡黄色或灰棕色，倒卵形。抽穗期4～9月。

【分布】雷州半岛各地。区域常见。

【生境】海边围田、河口冲积湿地等。

廉江高桥海边围田上的异型莎草

## 240.畦畔莎草

*Cyperus haspan* L.

莎草科Cyperaceae　莎草属

【别名】埃及莎草

一至多年生草本。秆扁棱形，平滑。叶短于秆，有时具叶鞘而无叶片。长侧枝聚伞花序；小穗通常多枚呈指状排列，线形；鳞片密复瓦状排列。小坚果宽倒卵形，淡黄色，具疣状小凸起。花果期几全年。

【分布】雷州半岛各地。不常见。

【生境】海边围田、河口冲积湿地等。

海边围田水沟上的畦畔莎草

## 241.碎米莎草

*Cyperus iria* L.

莎草科Cyperaceae　莎草属

一年生草本。无根状茎。秆丛生，扁三棱形。叶短于秆。长侧枝聚伞花序复出，具数个辐射枝，每个辐射枝具多个卵形或长圆状卵形穗状花序；小穗排列松散，斜展开。小坚果与鳞片等长。花果期6～12月。

【分布】雷州半岛各地。不常见。

【生境】海边围田、河口冲积湿地等。

海边围田湿地上的碎米莎草

## 242.断节莎

*Cyperus odoratus* L.

莎草科Cyperaceae　莎草属

一年生草本。秆三棱形，具纵槽，基部膨大呈块茎。长侧枝聚伞花序，常多次复出；穗状花序长圆状圆筒形；小穗轴具关节，坚硬而具宽翅。花果期6～12月。

【分布】雷州（南渡河口）、东海岛、鉴江河口等。不常见。

【生境】喜生海边沙地、河口种积滩等湿润之地。

长侧枝聚伞花（果）序

鉴江河口海边湿润沙地上的断节莎

## 243.毛轴莎草

*Cyperus pilosus* Vahl

莎草科Cyperaceae　莎草属

一年生草本。秆锐三棱形；叶短于秆。复出长侧枝聚伞花序具多个长短不等的第一次辐射枝；穗状花序卵形，轴上被黄硬毛；小穗2列，排列疏松。小坚果稍长于鳞片的一半，黑色。花果期5～11月。

【分布】雷州半岛各地。少见。

【生境】海边围田、河口冲积湿地等。

海边湿地上的毛轴莎草

复出长侧枝聚伞花序

## 244.香附子

*Cyperus rotundus* L.

莎草科Cyperaceae　莎草属

【别名】芋头草、芋头青

多年生草本。具细长匍匐根状茎和块茎。地上茎三棱形。叶短于秆，平张。穗状花序；小穗线形。小坚果长圆状倒卵形。花果期4～12月。

【分布】雷州半岛各地。常见。

【生境】村边草地、旱田、海边围田、海边沙地、河口堤坝、木麻黄林下等。田间杂草。

海边荒草地上的香附子

小穗线形

海边荒废养殖塘上的苏里南莎草

花果期5～12月

## 245.苏里南莎草

*Cyperus surinamensis* Rottboll

莎草科Cyperaceae　莎草属

一年或多年生草本。三棱形秆丛生，具倒刺。叶短于秆。球形头状花序。小坚果长椭圆形。花果期5～12月。

【分布】原产美洲，已经归化。雷州半岛各地。区域常见。

【生境】海边荒弃池塘、围田等湿地。

## 246.毛芙兰草

*Fuirena ciliaris* (L.) Roxb.

莎草科Cyperaceae　芙兰草属

【别名】虱母草

一年生草本。三棱形秆丛生，具槽，被疏柔毛。圆锥花序狭长，由顶生和侧生的简单长侧枝聚伞花序组成；卵形或长圆形小穗多个聚成圆簇。花果期7～12月。

【分布】雷州半岛各地。不常见。

【生境】荒弃围田等海边潮湿之地。

花序：小穗卵形或长圆形，多个聚成圆簇

海边沙地上的毛芙兰草

## 247.短叶水蜈蚣

*Kyllinga brevifolia* Rottb.

莎草科Cyperaceae　水蜈蚣属

【别名】假芋头草

一至多年生草本。根状茎长而匍匐。秆成列散生，扁三棱形。叶状苞片3。穗状花序单个，极少2或3个，球形或卵球形。小坚果倒卵状长圆形，扁双凸状。花果期4～11月。

【分布】雷州半岛各地。常见。

【生境】村边、海边草地、河口堤坝等。

海边草地上的短叶水蜈蚣

## 248.多枝扁莎

*Pycreus polystachyos* (Rottboll) P. Beauvois

莎草科Cyperaceae　扁莎属

【别名】多穗扁莎

多年生草本。扁三棱状茎丛生、坚挺、平滑。叶短于秆。长侧枝聚伞花序简单；线形小穗紧密排列，直立，穗轴呈曲折，具狭翅；鳞片膜质，排列紧密，长圆形。小坚果长圆形。抽穗期4～11月。

【分布】雷州半岛各地。较常见。

【生境】海边围田、沙地、河口湿地等。海水偶有浸淹的地方可生长。

多枝扁莎长侧枝聚伞花序线形小穗紧密排列


海边沙地上的多枝扁莎

## 249.三俭草

*Rhynchospora corymbosa* (L.) Britt.

莎草科Cyperaceae　刺子莞属

【别名】伞房刺子莞

多年生高大草本。根状茎短粗。秆直立，三棱形，兼具基生叶和秆生叶。圆锥花序由伞房状长侧枝聚伞花序组成，大型，复出；辐射枝多数且展开。小坚果长倒卵形。花果期3～12月。

【分布】廉江（高桥、九洲江口）、雷州（南渡河口）、东海岛、徐闻（和安）等。不常见。

【生境】荒水田、排水沟边、河口冲积滩湿地等。海水偶有浸淹的地方可生长。

廉江高桥河口荒弃海水养殖塘中与海雀稗混生的三俭草

花序：5～6月是三俭草的主要抽穗期

## 250.簕竹

*Bambusa blumeana* J. A. et J. H. Schult. F.

禾本科Poaceae　簕竹属

灌木至乔木状竹类。尾梢下弯，下部略呈“之”字形曲折。竿中下部各节环生短气根或根点。箨环上下方均环生一圈绢毛；箨鞘迟落，背面密被暗棕色刺毛；箨片卵形至狭卵形，常外翻，背面被糙硬毛，腹面密生暗棕色小刺毛，先端渐尖具硬尖头。笋期5～9月。

【分布】雷州半岛各地。常见。

【生境】村边空地、河口两岸等。

簕竹枝条受真菌影响而长出变态枝，民间称“竹寄生”，可作清凉解毒的中药用

廉江市高桥河口冲积滩上与海漆、水黄皮等混生的簕竹

## 251.水蔗草

*Apluda mutica* L.

禾本科Poaceae　水蔗草属

【别名】竹仔草

多年生草本。秆直立或攀缘状，分枝多。叶片线形，先端渐尖，基部渐窄成短柄。多数总状花序组成弯垂的圆锥花序。颖果卵形，蜡黄色。花果期6～10月。

【分布】雷州半岛各地。较少见。

【生境】河口湿地、堤坝、围田基等。

花果枝

海边杂灌丛中的水蔗草

## 252.地毯草

*Axonopus compressus* (Sw.) Beauv.

禾本科Poaceae　地毯草属

【别名】大叶油草

多年生草本。秆压扁，节密生灰白色柔毛。叶鞘松弛；叶片扁平，质地柔。总状花序2～5个，最长两个成对而生，呈指状排列在主轴上；小穗长圆状披针形。颖果长椭圆形，蜡黄色。花果期5～12月。

【分布】原产南美洲，已归化。雷州半岛各地。不常见。

【生境】村边、河口湿地、堤坝、围田基等。

花序

海边草地上的地毯草

廉江高桥海堤上的臭根子草

廉江龙营围养殖塘基上的臭根子草

圆锥花序：9～10月为盛花期

## 253.臭根子草

*Bothriochloa bladhii* (Retz.) S. T. Blake

禾本科Poaceae　孔颖草属

【别名】光孔颖草

多年生草本。秆疏丛，直立或基部倾斜。叶鞘无毛；叶片线形，边缘粗糙。圆锥花序主轴每节具1～3个单纯的总状花序；总状花序轴节间与小穗柄两侧具丝状纤毛。颖果长圆形。花果期7～12月。

【分布】雷州半岛各地。海边常见。

【生境】海边旷地、河口堤坝、空闲围田、养殖塘基等。

## 254.四生臂形草

*Brachiaria subquadripara* (Trin.) Hitchc

禾本科Poaceae　臂形草属

一年生草本。秆纤细，下部平卧地面，节膨大而生柔毛，节间具狭糟。叶片披针形，边缘增厚而粗糙。圆锥花序由3～6个总状花序组成；总状花序长2～4厘米；小穗长圆形。颖果倒卵形或长椭圆形，淡黄色。花果期7～12月。

【分布】雷州半岛各地。区域常见。

【生境】村边、海边空地、河口堤坝、养殖塘基等。

海边荒草地上的四生臂形草

## 255.蒺藜草

*Cenchrus echinatus* L.

禾本科Poaceae　蒺藜草属

一年生草本。杆扁圆形，节上生根。叶鞘松弛，具脊；叶片线形。总状花序顶生；小穗多枚包藏在不育小枝形成的椭圆状刺苞内。颖果椭圆状扁球形，米黄色。花果期6～11月。

【分布】原产热带美洲。廉江（高桥河口）、东海岛、特呈岛等。不常见。

【生境】海边沙地、河口堤坝、木麻黄林下等。

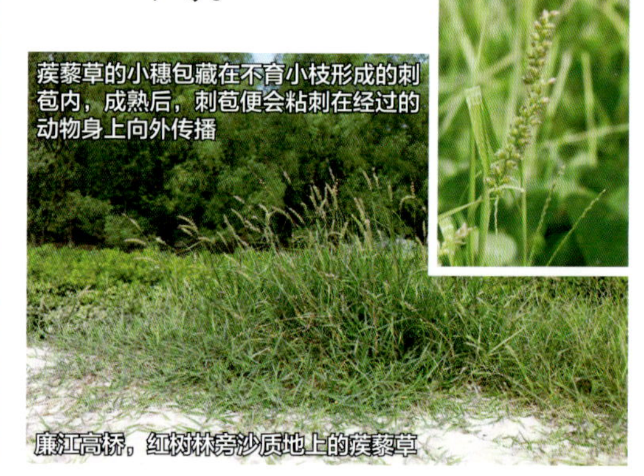
蒺藜草的小穗包藏在不育小枝形成的刺苞内，成熟后，刺苞便会粘刺在经过的动物身上向外传播

廉江高桥，红树林旁沙质地上的蒺藜草

## 256.竹节草

*Chrysopogon aciculatus* (Retz.) Trin.

禾本科Poaceae　金须茅属

【别名】粘裤草

多年生草本。秆基部膝曲。叶鞘多聚集跨覆状生于匍匐茎和秆的基部。圆锥花序直立，紫褐色，常数枝呈轮生状着生于主轴的各节上；小穗无柄。颖果细长圆形，蜡黄色。花果期5～11月。

【分布】雷州半岛各地。常见。

【生境】多见于村边、田边、河口堤坝草地。

海堤上的竹节草

## 257.狗牙根

*Cynodon dactylon* (L.) Pers.

禾本科Poaceae　狗牙根属

【别名】连地针草

多年生低矮草本。秆细而坚韧，匍匐地面蔓延生长，节上生不定根。小穗灰绿色或带紫色。颖果长圆柱形。花果期5～11月。

【分布】雷州半岛各地。常见。

【生境】村边、河口草地、农田等。

海堤脚下的狗牙根

## 258.龙爪茅

*Dactyloctenium aegyptium* (L.) Willd.

禾本科Poaceae　龙爪茅属

【别名】风车草、野掌草

一年生草本。秆斜升，节处生根和分枝。叶扁平；叶鞘松弛。穗状花序常4枚着生于秆顶，指状。颖果圆形。花果期4～11月。

【分布】雷州半岛各地。常见。

【生境】村边、海边沙地、河口堤坝、虾塘基等。海水偶有浸淹的地方可生长。

海边沙地上的龙爪茅

龙爪茅穗状花序指状排列于秆顶，形状像龙爪，因此得名

海堤上的升马唐

## 259.升马唐

*Digitaria ciliaris* (Retz.) Koel.

禾本科Poaceae　马唐属

【别名】抨根草、毛马唐

一年生草本。秆基常卧地面，节生根和分枝。叶鞘常短于其节间；叶片线形或披针形。总状花序5～8，指状排列于茎顶。颖果长圆锥形，黄褐色。花果期5～11月。

【分布】雷州半岛各地。较常见。

【生境】海边湿地、荒弃围田、河口堤坝、虾塘基等。

## 260.光头稗

*Echinochloa colona* (L.) Link

禾本科Poaceae　稗属

一年生草本。叶片扁平线形。圆锥花序狭窄；小穗卵圆形，无芒。颖果椭圆形，黄褐色。花果期6～11月。

【分布】雷州半岛各地。不常见。

【生境】水田、海边潮湿沙地、围田、河口湿地、虾塘基等。

植株

海边贫瘠砾地上的光头稗植株变得低矮

## 261.稗

*Echinochloa crus-galli* (L.) P. Beauv.

禾本科Poaceae　稗属

【别名】田稗

一年生草本。叶鞘疏松裹秆，平滑无毛。花序主轴具棱，粗糙或具疣基长刺毛；小穗卵形，密集在穗轴的一侧。颖果椭圆形或近圆形，蜡黄色。花果期5～11月。

【分布】雷州半岛各地。不常见。

【生境】水田、沟边、海边沼泽地等。

海边杂草地上的稗

海边海水养殖塘边的稗

## 262.牛筋草

*Eleusine indica* (L.) Gaertn.

禾本科Poaceae　穇属

【别名】蟋蟀草、鸡爪草

一年生草本。秆丛生，基部倾斜。叶鞘具脊。穗状花序3～7个着生于秆顶，指状。颖果卵形。花果期5～11月。

【分布】雷州半岛各地。较常见。

【生境】喜生海边湿地、荒弃围田、河口堤坝、虾塘基等。

海边荒地上的牛筋草

## 263.鼠妇草

*Eragrostis atrovirens* (Desf.) Trin. ex Steud.

禾本科Poaceae　画眉草属

【别名】长穗画眉草

多年生草本。秆疏丛生，基部稍膝曲。叶片扁平或内卷。圆锥花序开展，每节有一个分枝；小穗窄矩形，灰绿色，小穗轴宿存。颖果长椭圆形，蜡黄色或黄褐色。花果期6～12月。

【分布】雷州半岛各地。不常见。

【生境】荒坡、海边草地、河口堤坝、虾塘基等。

廉江高桥红树林海堤上的鼠妇草：果熟期11～12月

海边草地上的长画眉草

小穗

## 264.长画眉草

*Eragrostis brownii* (Kunth) Nees

禾本科Poaceae　画眉草属

多年生草本。秆纤细，丛生，直立或基部稍膝曲。叶片常集生于基部，线形，内卷或平展。圆锥花序开展或紧缩；小穗铅绿色或暗棕色，长椭圆形，小穗柄极短或无柄，通常2～4枚小穗密集在一起。颖果长椭圆形，黄褐色。春季抽穗。

【分布】雷州半岛各地。较常见。

【生境】荒坡、海边草地、河口堤坝、虾塘基等。

## 265.鲫鱼草

*Eragrostis tenella* (L.) Beauv. ex Roem. et Schult.

禾本科Poaceae　画眉草属

一年生，直立或呈匍匐状。叶片扁平，上面粗糙，下面光滑。圆锥花序开展，分枝单一或簇生；小枝和小穗柄上具腺点；小穗卵形至长圆状卵形，成熟后，小穗轴由上而下逐节断落。颖果长圆形，深红色或深褐色。花果期4～11月。

【分布】雷州半岛各地。较常见。

【生境】海边沙地、河口堤坝、虾塘基等。

海边养殖塘基上的鲫鱼草：10～11月果大量成熟

## 266.假俭草

*Eremochloa ophiuroides* (Munro) Hack.

禾本科Poaceae　蜈蚣草属

【别名】中国草、爬根草

多年生草本。具强壮的匍匐茎，秆斜升。叶片条形，顶端钝，顶生叶片退化。总状花序顶生，稍弓曲；无柄小穗长圆形，覆瓦状排列于总状花序轴一侧。颖果黄褐色。花果期8～12月。

【分布】雷州半岛各地。不常见。

【生境】潮湿草地及河岸、海堤坝等。

海边草地上的假俭草

花果期7～10月

## 267.高野黍

*Eriochloa procera* (Retz.) C. E. Hubb.

禾本科Poaceae　野黍属

一年生草本。秆丛生，直立。叶片线形，无毛，干时常卷折。圆锥花由数个总状花序组成；总状花序长3～7厘米，直立或斜举；小穗长圆状披针形，孪生或数枚簇生。颖果长圆形，黄褐色。抽穗期8～11月。

【分布】雷州半岛各地。海边常见。

【生境】海边潮湿荒地、河岸、海水养殖塘基等。

圆锥花由数个总状花序组成

红树林旁边荒地上生长旺盛的高野黍

## 268. 黄茅

*Heteropogon contortus* (L.) P. Beauv. ex Roem. et Schult.

禾本科Poaceae　黄茅属

多年生丛生草本。叶片线形，扁平或对折。穗形总状花序单生于主枝或分枝顶，芒常于花序顶扭卷成1束。颖果近圆柱状。花果期6～12月。

【分布】雷州半岛各地。不常见。

【生境】山坡、海边荒地、河岸堤坝等。

9～11月是黄茅主要抽穗期

廉江龙营围海水养殖塘堤上的黄茅

## 269. 膜稃草

*Hymenachne amplexicaulis* (Rudge) Nees

禾本科Poaceae　膜稃草属

多年生高大草本。节上须根轮生。叶质厚，宽且扁平。圆锥花序紧密呈穗状，穗轴粗糙有翼；小穗狭披针形。颖果长椭圆形。花果期5～10月。

【分布】廉江（高桥、营仔）、遂溪（杨柑）等。不常见。

【生境】河口浅水滩、荒弃养殖塘、排水沟渠等。

膜稃草圆锥花序紧密呈穗状

廉江高桥洗米河口荒弃养殖塘上的膜稃草

## 270. 大白茅

*Imperata cylindrica* var. *major* (Nees) C. E. Hubbard

禾本科Poaceae　白茅属

【别名】丝茅、白茅、须茅根

多年生草本。秆直立，节具白柔毛；叶片线形或线状披针形。圆锥花序穗状，分枝短缩而密集；小穗柄顶端膨大成棒状，无毛或疏生丝状柔毛；小穗披针形，基部密生丝状柔毛。颖果椭圆形。花果期3～9月。

【分布】雷州半岛各地。较常见。

【生境】山坡、海边荒地、河岸堤坝等。

3月初，刚长出嫩叶的大白茅开始抽穗

红树林旁草地上生长旺盛的大白茅

## 271. 李氏禾

*Leersia hexandra* Swartz

禾本科Poaceae　假稻属

【别名】禾花草

多年生。匍匐茎和细瘦根状茎发达。秆节部膨大且密被倒生微毛。叶鞘短于节间；叶片披针形。圆锥花序开展。颖果长椭圆形。花果期6～12月。

【分布】廉江（高桥河口、九洲江口）、遂溪（杨柑河口）、麻章（太平）、雷州（九龙山）等。较常见。

【生境】海边荒弃围田、水沟边、河口湿地等。

10月中旬，五里山港湾海边荒弃围田上的李氏禾花正盛开

## 272. 红毛草

*Melinis repens* (Willdenow) Zizka

禾本科Poaceae　糖蜜草属

【别名】红茅草

多年生草本。秆直立，分多枝，节上被柔毛。叶片长披针状线形。圆锥花序开展，分枝多；小穗及柄被粉红色绢毛。颖果长椭圆形。花果期6～11月。

【分布】原产南非，已经归化。在雷州半岛蔓延快，各地有分布。常见。

【生境】空旷地、道路两旁、海边沙地、河口堤坝等。

坡头乾塘海边沙地上的红毛草

红树林外缘潮滩上的红毛草

## 273. 五节芒

*Miscanthus floridulus* (Lab.) Warb. ex Schum et Laut.

禾本科Poaceae　芒属

多年生草本。秆高大，节下具白粉。叶片披针状线形，宽1～3厘米，扁平；中脉粗壮隆起，边缘粗糙。大型圆锥花序主轴粗壮，延伸达花序的2/3上；分枝较细弱，常10多枚簇生于基部各节，具二至三回小枝。颖果长椭圆形，棕褐色。花果期9月至翌年1月。

【分布】雷州半岛各地。区域常见。

【生境】荒地、山坡灌丛、河口堤坝等。

花序

高桥红树林海堤上的五节芒（花初期）

## 274.类芦

*Neyraudia reynaudiana* (kunth.) Keng

禾本科Poaceae　类芦属

多年生草本。具木质根状茎，须根粗而坚硬。秆直立，通常节具分枝，节间被白粉。圆锥花序分枝细长，开展并下垂。颖果圆柱形。花果期8月至翌年2月。

【分布】雷州半岛各地。区域常见。

【生境】河边、水沟边、海边荒地、河口堤坝等。

廉江高桥河口海堤上的类芦

圆锥花序分枝细长，开展并下垂

## 275.大黍

*Panicum maximum* Jacq.

禾本科Poaceae　黍属

【别名】羊草

多年生高大草本。簇生，秆直立，节上密生柔毛。叶片宽线形，边缘粗糙。圆锥花序大而开展，下部分枝轮生；小穗长圆形。颖果细长圆形。花果期5～11月。

【分布】原产非洲热带地区，以饲料植物引入，多野外逸生。雷州湾沿岸的雷州（附城、调风）、麻章、东海岛等地。区域常见。

【生境】山坡旱地、河口堤坝、海边围田、虾塘基等。

雷州九龙山红树林岸边的大黍

大黍的圆锥花序大而展开，下部分枝轮生

## 276.铺地黍

*Panicum repens* L.

禾本科Poaceae　黍属

【别名】枯骨草、硬骨草、铺地稷、硬骨香

多年生草本。叶片线形，质硬，常内卷。圆锥花序；小穗长圆形；花药暗褐色。颖果椭圆形，淡棕色。花果期6～11月。

【分布】原产巴西，华东、华南归化。雷州半岛各地。较常见。

【生境】喜生于海边湿地、荒弃围田、河口堤坝、虾塘基等。较耐盐。

海边草地上的铺地黍

海边围田湿地上的铺地黍

海边荒草地上的两耳草

## 277.两耳草

*Paspalum conjugatum* Berg.

禾本科Poaceae　雀稗属

多年生草本。叶片披针状线形，质薄，无毛或边缘具疣柔毛。总状花序2，纤细，开展；小穗卵形，覆瓦状排列成2行。颖果卵圆形。花果期4～11月。

【分布】雷州半岛各地。区域常见。

【生境】喜生于荒弃农田、水沟边、海边沙地、河口堤坝等。

## 278.圆果雀稗

*Paspalum scrobiculatum* var. *orbiculare* (G. Forst.) Hackel

禾本科Poaceae　雀稗属

【别名】鸭母草

多年生草本。秆丛生。叶鞘长于节间；叶片长披针形。总状花序；小穗椭圆形，单生于穗轴一侧，覆瓦状排列成二行。颖果扁平，椭圆形，棕褐色。花果期6～11月。

【分布】雷州半岛各地。较常见。

【生境】喜生于荒弃围田、水沟边、海边沙地、河口堤坝等。

总状花序

海边湿地上的圆果雀稗

廉江高桥海堤上的狼尾草

狼尾草是冬日海边的一道风景线，可作观赏植物栽种

## 279.狼尾草

*Pennisetum alopecuroides* (L.) Spreng.

禾本科Poaceae　狼尾草属

【别名】大狗尾草

多年生草本。秆丛生，直立。叶线形。圆锥花序直立或稍下垂。颖果长圆形。花果期5～11月。

【分布】雷州（九龙山、南渡河口）、廉江（高桥河口、九洲江口）、麻章（湖光）等。区域常见。

【生境】喜生于海边村边荒地、围田基、虾塘基、河口堤坝等。

## 280.牧地狼尾草

*Pennisetum polystachion* (L.) Schultes

禾本科Poaceae　狼尾草属

【别名】多穗狼尾草

多年生草本。秆丛生。叶鞘疏松，有硬毛，边缘具毛；叶片线形。紧圆柱状圆锥花序，带紫色；小穗卵状披针形，成熟时小穗丛常反曲。颖果纺锤形。花果期7～12月。

【分布】原产南美洲，以牧草引入，在雷州半岛逸为野生。徐闻（和安）、雷州（南渡河口）、麻章（湖光）等。区域常见。

【生境】海边湿地、河口堤坝、虾塘基等。

海堤上的牧地狼尾草

廉江高桥海堤上的茅根

## 281.茅根

*Perotis indica* (L.) Kuntze

禾本科Poaceae　茅根属

一至多年生草本。秆丛生。叶片披针形，质地偏硬，基部微呈心形而抱茎。穗形总状花序直立；穗轴具纵沟。颖果细柱形，棕褐色。花果期5～10月。

【分布】廉江（高桥）、雷州（企水）、东海岛等。少见。

【生境】空旷草地、海边沙地、河口堤坝等。

## 282.筒轴茅

*Rottboellia cochinchinensis* (Loureiro) Clayton

禾本科Poaceae　筒轴茅属

【别名】罗氏草

一年生粗壮草本。秆直立。叶鞘具硬刺毛或无毛；叶片线形，边缘粗糙。总状花序粗壮直立，上部渐尖；总状花序轴节间肥厚，易逐节断落。颖果长圆状卵形。花果期8～11月。

【分布】雷州（附城、调风、乌石）、徐闻（和安、锦和）等。不常见。

【生境】海边荒地、河岸、海水养殖塘基等。

筒轴茅总状花序轴节间肥厚，易逐节断落

徐闻和安后湖村红树林旁边荒地上生长旺盛的筒轴茅

## 283.斑茅

*Saccharum arundinaceum* Retz.

禾本科Poaceae　甘蔗属

【别名】大密

多年生高大丛生草本。秆粗壮，具多数节。叶片宽大，线状披针形，长1～2米，宽可达5厘米，边缘粗糙；中脉粗壮无毛。圆锥花序大型，稠密，每节着生2～4枚分枝，分枝二至三回分出；总状花序轴节间稍膨大。颖果长圆形。花果期8月至翌年1月。

【分布】雷州半岛各地。少见。

【生境】多见于溪、河流岸边，海堤等。

遂溪西溪河入海口岸边的斑茅

## 284.甜根子草

*Saccharum spontaneum* L.

禾本科Poaceae　甘蔗属

【别名】割手密

多年生草本。秆高1～2米，中空，具多数节，节具短毛，节下常有白蜡粉。叶片线形，边缘呈锯齿状粗糙。圆锥花序稠密，主轴密生丝状柔毛；总状花序轴节间稍膨大；无柄小穗披针形。颖果长椭圆形，红棕色。花果期8～11月。

【分布】雷州半岛各地。区域常见。

【生境】多见于滨海较低的溪流岸边、河口冲积滩涂、海堤等。亦偶见于海水偶有浸淹的高潮滩。

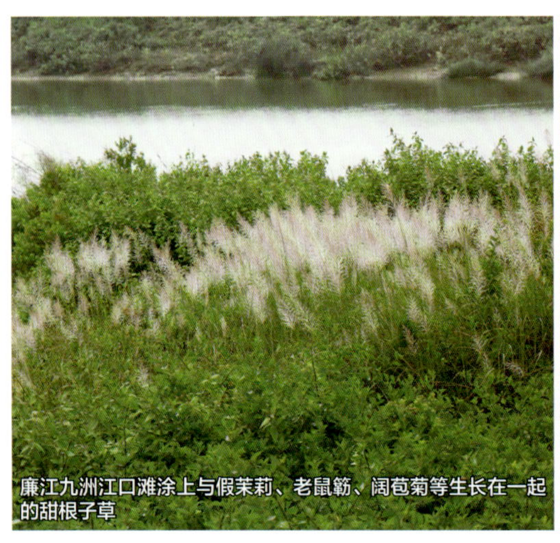

廉江九洲江口滩涂上与假茉莉、老鼠簕、阔苞菊等生长在一起的甜根子草

廉江龙营围海水养殖塘边的甜根子草：成片的甜根子草花色洁白无瑕，花序随风荡漾，是秋日海边一道美丽的风景线

## 285.囊颖草

*Sacciolepis indica* (L.) A. Chase

禾本科Poaceae　囊颖草属

【别名】鼠尾草

一年生草本。叶鞘具棱脊；叶舌膜质；叶片线形。圆锥花序紧缩成圆筒状；小穗卵状披针形，绿色或带紫色。颖果椭圆形。花果期5～12月。

海边围田排水沟边的囊颖草

【分布】雷州半岛各地。区域常见。

【生境】荒水田、河口冲积湿地、排水沟渠边等。

---

海边草地上，鼠尾粟与卤蕨、盐地鼠尾粟、厚藤等混生

## 286.鼠尾粟

*Sporobolus fertilis* (Steud.) W. D. Glayt.

禾本科Poaceae　鼠尾粟属

【别名】老鼠尾、鼠尾草、线香草

多年生草本。丛生秆直立。叶鞘疏松裹茎；叶片平滑无毛。圆锥花序紧缩成线形；小穗灰绿色并带紫色；花药黄色。颖果成熟后红褐色。花果期3～12月。

【分布】雷州半岛各地。区域常见。

【生境】农田边、荒弃围田、河口堤坝、虾塘基等。

# 参考文献

REFERENCE


高瑞卿, 伍淑惠, 张元聪. 台湾海滨植物图鉴[M]. 台中: 晨星出版社, 2020.

广东湛江红树林国家级自然保护区管理局, 保护国际基金会. 广东湛江红树林国家级自然保护区综合科学考察报告[M]. 广州: 广东教育出版社, 2019.

韩维栋, 陈杰. 雷州半岛树木志[M]. 广州: 华南理工大学出版社, 2014.

邢福武, 陈红锋, 秦新生, 等. 中国热带雨林地区植物图鉴[M]. 武汉: 华中科技大学出版社, 2013.

湛江市年鉴编纂委员会. 湛江年鉴(2021)[M]. 郑州: 中州古籍出版社, 2021.

湛江市统计局. 湛江市2020年国民经济和社会发展统计公报[R]. 2021: 1–12.

张宏达, 张超常, 王伯荪. 雷州半岛的红树植物群落[J]. 科学通报, 1957(09): 284–285.

张宏达. 雷州半岛的植被[M]. 北京: 科学出版社, 1957.

中国科学院中国植物志编辑委员会. 中国植物志[M]. 北京: 科学出版社, 2004. http://www.iplant.cn/.

# 附 录

## 雷州半岛滨海维管束植物名录

### 1.石松纲 Lycopodiopsida

1.1　石松科 Lycopodiaceae

（1）垂穗石松*Palhinhaea cernua* (L.) Vasc. et Franco

### 2.厚囊蕨纲 Eusporangiopsida

2.1　瓶尔小草科 Ophioglossaceae

（2）瓶尔小草*Ophioglossum vulgatum* L.

### 3.薄囊蕨纲 Leptosporangiopsida

3.1　里白科 Gleicheniaceae

（3）芒萁*Dicranopteris pedata* (Houttuyn) Nakaike

3.2　海金沙科 Lygodiaceae

（4）曲轴海金沙*Lygodium flexuosum* (L.) Sw.

（5）海金沙*Lygodium japonicum* (Thunb.) Sw.

（6）小叶海金沙*Lygodium microphyllum* (Cav.) R. Br.

3.3　碗蕨科 Dennstaedtiaceae

（7）华南鳞盖蕨*Microlepia hancei* Prantl

3.4　鳞始蕨科 Lindsaeaceae

（8）剑叶鳞始蕨*Lindsaea ensifolia* Swartz

（9）异叶鳞始蕨*Lindsaea heterophylla* Dryander

（10）团叶陵齿蕨*Lindsaea orbiculata* (Lam.) Mett. ex Kuhn

（11）乌蕨*Odontosoria chinensis* J. Sm.

3.5　凤尾蕨科 Pteridaceae

（12）剑叶凤尾蕨*Pteris ensiformis* Burm.

（13）井栏边草*Pteris multifida* Poir.

（14）半边旗*Pteris semipinnata* L. Sp.

（15）蜈蚣草*Pteris vittata* L.

3.6　卤蕨科 Acrostichaceae

（16）卤蕨*Acrostichum aureum* L.

（17）尖叶卤蕨*Acrostichum speciosum* Willd.

3.7　铁线蕨科 Adiantaceae

（18）鞭叶铁线蕨*Adiantum caudatum* L.

（19）扇叶铁线蕨*Adiantum flabellulatum* L.

3.8　水蕨科 Parkeriaceae

（20）水蕨*Ceratopteris thalictroides* (L.) Brongn.

3.9　蹄盖蕨科 Athyriaceae

（21）菜蕨*Diplazium esculentum* (Retz.) Sm.

3.10　金星蕨科Thelypteridaceae

（22）毛蕨*Cyclosorus interruptus* (Willd.) H. Ito

（23）华南毛蕨*Cyclosorus parasiticus* (L.) Farwell.

（24）三羽新月蕨*Pronephrium triphyllum* (Sw.) Holtt.

3.11　乌毛蕨科 Blechnaceae

（25）乌毛蕨*Blechnum orientale* L.

3.12　肾蕨科 Nephrolepidaceae

（26）长叶肾蕨*Nephrolepis biserrata* (Sw.) Schott

（27）毛叶肾蕨*Nephrolepis brownii* (Desvaux) Hovenkamp et Miyamoto

（28）肾蕨*Nephrolepis cordifolia* (L.) C. Presl

3.13　水龙骨科 Polypodiaceae

（29）瓦韦*Lepisorus thunbergianus* (Kaulf.) Ching.

3.14　蘋科 Marsileaceae

（30）蘋*Marsilea quadrifolia* L. Sp.

### 4.松柏纲 Coniferopsida

4.1　罗汉松科 Podocarpaceae

（31）罗汉松 *Podocarpus macrophyllus* (Thunb.) Sweet

4.2　松科 Pinaceae

（32）马尾松 *Pinus massoniana* Lamb.

## 5.盖子植物纲 Gnetopsida

### 5.1 买麻藤科 Gnetaceae

（33）小叶买麻藤*Gnetum parvifolium* (Warb.) C. Y. Cheng ex Chun

## 6.双子叶植物纲 Dicotyledones

### 6.1 番荔枝科 Annonaceae

（34）皂帽花*Dasymaschalon trichophorum* Merr.

（35）假鹰爪*Desmos chinensis* Lour.

（36）暗罗*Polyalthia suberosa* (Roxb.) Thw.

（37）细基丸*Polyalthia cerasoides* (Roxb.) Benth. et Hook. f. ex Bedd.

（38）紫玉盘*Uvaria macrophylla* Roxburgh

（39）山椒子 *Uvaria grandiflora* Roxb.

### 6.2 樟科 Lauraceae

（40）毛黄肉楠*Actinodaphne pilosa* (Lour.) Merr.

（41）无根藤*Cassytha filiformis* L.

（42）阴香*Cinnamomum burmannii* (Nees et T. Nees) Blume

（43）樟*Cinnamomum camphora* (L.) Presl

（44）乌药*Lindera aggregata* (Sims) Kosterm.

（45）潺槁木姜子*Litsea glutinosa* (Lour.) C. B. Rob.

（46）假柿木姜子*Litsea monopetala* (Roxb.) Pers.

（47）豺皮樟*Litsea rotundifolia var. oblongifolia* (Nees) Allen

（48）华润楠*Machilus chinensis* (Champ. ex Benth.) Hemsl.

### 6.3 毛茛科 Ranunculaceae

（49）毛柱铁线莲*Clematis meyeniana* Walp.

### 6.4 防己科 Menispermaceae

（50）毛叶轮环藤*Cyclea barbata* Miers

（51）苍白秤钩风*Diploclisia glaucescens* (Bl.) Diels

（52）细圆藤*Pericampylus glaucus* (Lam.) Merr.

（53）血散薯*Stephania dielsiana* Y. C. Wu

（54）粪箕笃*Stephania longa* Lour.

（55）中华青牛胆*Tinospora sinensis* (Lour.) Merr.

### 6.5 胡椒科 Piperaceae

（56）山蒟*Piper hancei* Maxim.

（57）假蒟*Piper sarmentosum* Roxb.

### 6.6 三白草科 Saururaceae

（58）三白草*Saururus chinensis* (Lour.) Baill.

### 6.7 白花菜科 Capparidaceae

（59）黄花草 *Arivela viscosa* (L.) Raf

（60）小刺山柑*Capparis micracantha* DC. Prodr.

（61）青皮刺*Capparis sepiaria* L. Syst. Nat.

（62）牛眼睛*Capparis zeylanica* L.

（63）皱子白花菜*Cleome rutidosperma* DC.

（64）钝叶鱼木*Crateva trifoliata* (Roxburgh) B. S. Sun

### 6.8 十字花科 Brassicaceae

（65）弯曲碎米荠*Cardamine flexuosa* With.

（66）北美独行菜*Lepidium virginicum* L.

（67）豆瓣菜*Nasturtium officinale* R. Br.

（68）蔊菜*Rorippa indica* (L.) Hiern

### 6.9 远志科 Polygalaceae

（69）华南远志*Polygala chinensis* L.

（70）小花远志*Polygala polifolia* C. Presl

（71）齿果草*Salomonia cantoniensis* Lour.

### 6.10 景天科 Crassulaceae

（72）落地生根*Bryophyllum pinnatum* (L. f.) Oken

### 6.11 茅膏菜科 Droseraceae

（73）锦地罗*Drosera burmanni* Vahl

（74）长叶茅膏菜*Drosera indica* L.

### 6.12 石竹科 Caryophyllaceae

（75）荷莲豆草*Drymaria cordata* (L.) Willd. ex Schult.

（76）白鼓钉*Polycarpaea corymbosa* (L.) Lamarck

（77）鹅肠菜*Myosoton aquaticum* (L.) Moench

（78）雀舌草*Stellaria alsine* Grimm

### 6.13 粟米草科 Molluginaceae

（79）针晶粟草*Gisekia pharnaceoides* L.

（80）长梗星粟草*Glinus oppositifolius* (L.) A. DC.

（81）无茎粟米草*Mollugo nudicaulis* Lam.

（82）粟米草*Mollugo stricta* L.

（83）种棱粟米草*Mollugo verticillata* L.

### 6.14 番杏科 Aizoaceae

（84）海马齿*Sesuvium portulacastrum* (L.) L.

（85）番杏*Tetragonia tetragonioides* (Pall.) Kuntze

（86）假海马齿*Trianthema portulacastrum* L.

### 6.15 马齿苋科 Portulacaceae

（87）马齿苋*Portulaca oleracea* L.

（88）毛马齿苋*Portulaca pilosa* L.

（89）四瓣马齿苋*Portulaca quadrifida* L.

（90）棱轴土人参*Talinum fruticosum* (L.) Juss.

（91）土人参*Talinum paniculatum* (Jacq.) Gaertn.

### 6.16 蓼科 Polygonaceae

（92）毛蓼*Polygonum barbatum* L.

（93）火炭母*Polygonum chinense* L.

（94）水蓼*Polygonum hydropiper* L.

（95）杠板归*Polygonum perfoliatum* L.

（96）长刺酸模*Rumex trisetifer* Stokes

### 6.17 商陆科 Phytolaccaceae

（97）垂序商陆*Phytolacca americana* L.

### 6.18 藜科 Chenopodiaceae

（98）匍匐滨藜*Atriplex repens* Roth

（99）狭叶尖头叶藜*Chenopodium acuminatum* subsp. *virgatum* (Thunb.)Kitam.

（100）小藜*Chenopodium ficifolium* Smith

（101）土荆芥*Dysphania ambrosioides* (L.) Mosyakin et Clemants

（102）南方碱蓬*Suaeda australis* (R. Br.) Moq.

### 6.19 苋科 Amaranthaceae

（103）土牛膝*Achyranthes aspera* L.

（104）华莲子草*Alternanthera paronychioides* A. Saint-Hilaire

（105）喜旱莲子草 *Alternanthera philoxeroides* (Mart.) Griseb.

（106）刺花莲子草*Alternanthera pungens* H. B. K.

（107）莲子草*Alternanthera sessilis* (L.) R. Br. ex DC.

（108）尾穗苋*Amaranthus caudatus* L.

（109）刺苋*Amaranthus spinosus* L.

（110）皱果苋*Amaranthus viridis* L.

（111）青葙*Celosia argentea* L.

（112）银花苋*Gomphrena celosioides* Mart.

（113）印度肉苞海蓬*Tecticornia indica* (Willd.) K. A. Sheph. et Paul G.Wilson

### 6.20 落葵科 Basellaceae

（114）落葵薯*Anredera cordifolia* (Tenore) Steenis

（115）落葵*Basella alba* L.

### 6.21 蒺藜科 Zygophyllaceae

（116）蒺藜*Tribulus terrestris* L.

### 6.22 酢浆草科 Oxalidaceae

（117）酢浆草*Oxalis corniculata* L.

### 6.23 凤仙花科 Balsaminaceae

（118）华凤仙*Impatiens chinensis* L.

### 6.24 千屈菜科 Lythraceae

（119）耳基水苋*Ammannia auriculata* Willdenow

（120）香膏萼距花*Cuphea balsamona* Cham. et Schltdl.

（121）圆叶节节菜*Rotala rotundifolia* (Buch.-Ham. ex Roxb.) Koehne

### 6.25 海桑科Sonneratiaceae

（122）无瓣海桑*Sonneratia apetala* Buchanan-Hamilton

### 6.26 柳叶菜科 Onagraceae

（123）水龙*Ludwigia adscendens* (L.) Hara

（124）草龙*Ludwigia hyssopifolia* (G. Don) exell.

（125）毛草龙*Ludwigia octovalvis* (Jacq.) Raven

（126）海边月见草*Oenothera drummondii* Hook.

### 6.27 瑞香科 Thymelaeaceae

（127）了哥王*Wikstroemia indica* (L.) C. A. Mey.

### 6.28 紫茉莉科 Nyctaginaceae

（128）黄细心*Boerhavia diffusa* L.

（129）中华粘腺果*Commicarpus chinensis* (L.) Heim.

（130）紫茉莉*Mirabilis jalapa* L.

（131）腺果藤*Pisonia aculeata* L.

### 6.29 五桠果科 Dilleniaceae

（132）锡叶藤*Tetracera sarmentosa* Vahl.

### 6.30 海桐花科 Pittosporaceae

（133）台琼海桐*Pittosporum pentandrum* var. *formosanum* (Hayata) Z. Y. Zhang et Turland

### 6.31 大风子科 Flacourtiaceae

（134）球花脚骨脆*Casearia glomerata* Roxb.

（135）刺篱木*Flacourtia indica* (Burm. F.) Merr.

（136）箣柊 *Scolopia chinensis* (Lour.) Clos

### 6.32 西番莲科 Passifloraceae

（137）鸡蛋果*Passiflora edulis* Sims

（138）龙珠果*Passiflora foetida* L.

### 6.33 葫芦科 Cucurbitaceae

（139）红瓜*Coccinia grandis* (L.) Voigt

（140）毒瓜*Diplocyclos palmatus* (L.) C. Jeffrey

（141）风瓜*Gymnopetalum scabrum* (Loureiro) W. J. de Wilde et Duyfjes

（142）丝瓜*Luffa aegyptiaca* Miller

（143）茅瓜*Solena heterophylla* Lour.

（144）马瓟儿*Zehneria japonica* (Thunb.) H. Y. Liu

6.34 番木瓜科 Caricaceae

（145）番木瓜*Carica papaya* L.

6.35 仙人掌科 Cactaceae

（146）仙人掌*Opuntia dillenii* (Ker Gawl.) Haw.

（147）量天尺*Hylocereus undatus* (Haw.) Britt. et Rose

6.36 山茶科 Theaceae

（148）细齿叶柃*Eurya nitida* Korthals

（149）小叶厚皮香*Ternstroemia microphylla* Merr.

6.37 桃金娘科 Myrtaceae

（150）岗松*Baeckea frutescens* L.

（151）窿缘桉*Eucalyptus exserta* F. V. Muell.

（152）大叶桉*Eucalyptus robusta* Smith

（153）番石榴*Psidium guajava* L.

（154）桃金娘*Rhodomyrtus tomentosa* (Ait.) Hassk.

（155）黑嘴蒲桃*Syzygium bullockii* (Hance) Merr. et Perry

（156）乌墨*Syzygium cumini* (L.) Skeels

（157）水翁*Syzygium nervosum* Candolle

（158）香蒲桃Syzygium odoratum (Lour.) DC.

6.38 玉蕊科 Lecythidaceae

（159）玉蕊*Barringtonia racemosa* (L.) Spreng

6.39 野牡丹科 Melastomataceae

（160）野牡丹*Melastoma malabathricum* L.

（161）棱果谷木*Memecylon octocostatum* Merr. et Chun

（162）细叶谷木*Memecylon scutellatum* (Lour.) Hook. et Arn.

6.40 使君子科 Combretaceae

（163）榄形风车子*Combretum sundaicum* Miquel

（164）拉关木*Laguncularia racemosa* C. F. Gaertn.

（165）榄李*Lumnitzera racemosa* Willd.

（166）榄仁树*Terminalia catappa* L.

6.41 红树科 Rhizophoraceae

（167）木榄*Bruguiera gymnorhiza* (L.) Savigny

（168）竹节树*Carallia brachiata* (Lour.) Merr.

（169）角果木*Ceriops tagal* (Perr.) C. B. Rob.

（170）秋茄树*Kandelia obovata* Sheue et al.

（171）红海榄*Rhizophora stylosa* Griff.

6.42 藤黄科 Guttiferae

（172）红厚壳*Calophyllum inophyllum* L.

（173）黄牛木*Cratoxylum cochinchinense* (Lour.) Bl.

（174）地耳草*Hypericum japonicum* Thunb. ex Murray

6.43 椴树科 Tiliaceae

（175）甜麻*Corchorus aestuans* L.

（176）黄麻*Corchorus capsularis* L.

（177）毛果扁担杆*Grewia eriocarpa* Juss.

（178）破布叶*Microcos paniculata* L.

（179）粗齿刺蒴麻*Triumfetta grandidens* Hance

（180）刺蒴麻*Triumfetta rhomboidea* Jacq.

6.44 梧桐科 Sterculiaceae

（181）刺果藤*Byttneria grandifolia* Candolle

（182）山芝麻*Helicteres angustifolia* L.

（183）雁婆麻*Helicteres hirsuta* Lour.

（184）银叶树*Heritiera littoralis* Dryand.

（185）马松子*Melochia corchorifolia* L.

（186）翻白叶树*Pterospermum heterophyllum* Hance

（187）假苹婆*Sterculia lanceolata* Cav.

（188）蛇婆子*Waltheria indica* L.

6.45 锦葵科 Malvaceae

（189）黄秋葵*Abelmoschus esculentus* (L.) Moench

（190）磨盘草*Abutilon indicum* (L.) Sweet

（191）陆地棉*Gossypium hirsutum* L.

（192）泡果苘*Herissantia crispa* (L.) Brizicky

（193）黄槿*Hibiscus tiliaceus* L.

（194）赛葵*Malvastrum coromandelianum* (L.) Gurcke

（195）黄花棯*Sida acuta* Burm. F.

（196）桤叶黄花棯*Sida alnifolia* L.

（197）中华黄花棯*Sida chinensis* Retz.

（198）长梗黄花棯*Sida cordata* (Burm. F.) Borss.

（199）心叶黄花棯*Sida cordifolia* L.

（200）白背黄花棯*Sida rhombifolia* L.

（201）杨叶肖槿*Thespesia populnea* (L.) Soland. ex Corr.

（202）地桃花*Urena lobata* L.

（203）梵天花*Urena procumbens* L.

### 6.46 大戟科 Euphorbiaceae

（204）铁苋菜*Acalypha australis* L.

（205）热带铁苋菜*Acalypha indica* L.

（206）羽脉山麻杆*Alchornea rugosa* (Lour.) Muell. Arg.

（207）红背山麻杆*Alchornea trewioides* (Benth.) Muell. Arg.

（208）五月茶*Antidesma bunius* (L.) Spreng

（209）方叶五月茶*Antidesma ghaesembilla* Gaertn.

（210）银柴*Aporosa dioica* (Roxburgh) Muller Argoviensis

（211）秋枫*Bischofia javanica* Blume

（212）留萼木*Blachia pentzii* (Muell.–Arg.) Benth.

（213）黑面神*Breynia fruticosa* (L.) Hook. f.

（214）土蜜树*Bridelia tomentosa* Bl.

（215）白桐树*Claoxylon indicum* (Reinw. ex Bl.) Hassk.

（216）鸡骨香*Croton crassifolius* Geisel.

（217）海滨大戟*Euphorbia atoto* Forst. F.

（218）细齿大戟*Euphorbia bifida* Hook. et Arn.

（219）猩猩草*Euphorbia cyathophora* Murr.

（220）白苞猩猩草*Euphorbia heterophylla* L.

（221）飞扬草*Euphorbia hirta* L.

（222）通奶草*Euphorbia hypericifolia* L.

（223）匍匐大戟*Euphorbia prostrata* Ait.

（224）匍根大戟*Euphorbia serpens* H. B. K.

（225）千根草*Euphorbia thymifolia* L.

（226）绿玉树*Euphorbia tirucalli* L.

（227）海漆*Excoecaria agallocha* L.

（228）白饭树*Flueggea virosa* (Roxb. ex Willd.) Voigt

（229）厚叶算盘子*Glochidion hirsutum* (Roxb.) Voigt

（230）香港算盘子*Glochidion zeylanicum* (Gaerthn.) A. Juss.

（231）麻风树*Jatropha curcas* L.

（232）棉叶珊瑚花*Jatropha gossypiifolia* L.

（233）白茶树*Koilodepas hainanense* (Merr.) Airy Shaw .

（234）白背叶*Mallotus apelta* (Lour.) Muell. Arg.

（235）白楸*Mallotus paniculatus* (Lam.) Muell. Arg.

（236）粗糠柴*Mallotus philippensis* (Lam.) Muell. Arg.

（237）石岩枫*Mallotus repandus* (Willd.) Muell. Arg.

（238）地杨桃*Microstachys chamaelea* (L.) Muller Argoviensis

（239）红雀珊瑚*Pedilanthus tithymaloides* (L.) Poit.

（240）苦味叶下珠*Phyllanthus amarus* Schumacher et Thonning

（241）越南叶下珠*Phyllanthus cochinchinensis* (Lour.) Spreng.

（242）余甘子*Phyllanthus emblica* L.

（243）青灰叶下珠*Phyllanthus glaucus* Wall. ex Muell. Arg

（244）珠子草*Phyllanthus niruri* L.

（245）小果叶下珠*Phyllanthus reticulatus* Poir.

（246）叶下珠*Phyllanthus urinaria* L.

（247）黄珠子草*Phyllanthus virgatus* Forst. F.

（248）蓖麻*Ricinus communis* L.

（249）艾堇*Sauropus bacciformis* (L.) Airy Shaw

（250）白树*Suregada multiflora* (Jussieu) Baillon

（251）山乌桕*Triadica cochinchinensis* Loureiro

（252）乌桕*Triadica sebifera* (L.) Small

### 6.47 蔷薇科 Rosaceae

（253）石斑木*Rhaphiolepis indica* (L.) Lindley

（254）蛇泡簕*Rubus cochinchinensis* Tratt.

（255）茅莓*Rubus parvifolius* L.

### 6.48 含羞草科Mimosaceae

（256）大叶相思*Acacia auriculiformis* A. Cunn. ex Benth

（257）台湾相思*Acacia confusa* Merr.

（258）海红豆*Adenanthera microsperma* Teijsmann et Binnendijk

（259）楹树*Albizia chinensis* (Osbeck) Merr.

（260）阔荚合欢*Albizia lebbeck* (L.) Benth.

（261）香合欢*Albizia odoratissima* (L. f.) Benth.

（262）亮叶猴耳环*Archidendron lucidum* (Benth) I. C. Nielsen

（263）银合欢*Leucaena leucocephala* (Lam.) de Wit

（264）光荚含羞草*Mimosa bimucronata* (Candolle) O. Kuntze

（265）巴西含羞草*Mimosa diplotricha* C. Wright

（266）无刺巴西含羞草*Mimosa diplotricha* var. *inermis* (Adelb.) Verdc.

（267）含羞草*Mimosa pudica* L.

6.49　云实科 Caesalpiniaceae

（268）刺果苏木*Caesalpinia bonduc* (L.) Roxb.

（269）华南云实*Caesalpinia crista* L.

（270）山扁豆*Chamaecrista mimosoides* Standl.

（271）翅荚决明*Senna alata* (L.) Roxburgh

（272）望江南*Senna occidentalis* (L.) Link

（273）决明*Senna tora* (L.) Roxburgh

（274）酸豆*Tamarindus indica* L.

6.50　蝶形花科 Papilionaceae

（275）相思子*Abrus precatorius* L.

（276）美洲合萌*Aeschynomene americana* L.

（277）合萌*Aeschynomene indica* L.

（278）链荚豆*Alysicarpus vaginalis* (L.) DC.

（279）藤槐*Bowringia callicarpa* Camp. ex Benth.

（280）蔓草虫豆*Cajanus scarabaeoides* (L.) Thouars

（281）亮叶鸡血藤*Callerya nitida* (Bentham) R. Geesink

（282）小刀豆*Canavalia cathartica* Thou.

（283）狭刀豆*Canavalia lineata* (Thunb.) DC.

（284）海刀豆*Canavalia rosea* (Sw.) DC.

（285）铺地蝙蝠草*Christia obcordata* (Poir.) Bahn. F.

（286）狭叶猪屎豆*Crotalaria ochroleuca* G. Don

（287）猪屎豆*Crotalaria pallida* Ait.

（288）吊裙草*Crotalaria retusa* L.

（289）光萼猪屎豆*Crotalaria trichotoma* Bojer

（290）球果猪屎豆*Crotalaria uncinella* Lamk.

（291）补骨脂*Cullen corylifolium* (L.) Medikus

（292）弯枝黄檀*Dalbergia candenatensis* (Dennst.) Prainin

（293）鱼藤*Derris trifoliata* Lour.

（294）圆叶野扁豆*Dunbaria punctata* (Wight et Arn.) Benth.

（295）鸽仔豆*Dunbaria truncata* (Miquel) Maesen

（296）假地豆*Grona heterocarpos* (L.) H. Ohashi et K. Ohashi

（297）显脉山绿豆*Grona heterocarpos* subsp. *angustifolia* (H. Ohashi) H. Ohashi et K. Ohashi

（298）异叶山蚂蝗*Grona heterophylla* (Willd.) H. Ohashi et K. Ohashi

（299）赤山蚂蝗*Grona rubra* (Lour.) H. Ohashi et K. Ohashi

（300）三点金*Grona triflora* (L.) H. Ohashi et K. Ohashi

（301）疏花木蓝*Indigofera colutea* (N. L. Burman) Merrill

（302）硬毛木蓝*Indigofera hirsuta* L.

（303）单叶木蓝*Indigofera linifolia* (L. f.) Retz.

（304）九叶木蓝*Indigofera linnaei* Ali

（305）野青树*Indigofera suffruticosa* Mill.

（306）扁豆*Lablab purpureus* (L.) Sweet

（307）紫花大翼豆*Macroptilium atropurpureum* (DC.) Urban

（308）大翼豆*Macroptilium lathyroides* (L.) Urban

（309）排钱树*Phyllodium pulchellum* (L.) Desv.

（210）大叶山蚂蝗*Pleurolobus gangeticus* (L.) J. St.-Hil. ex H. Ohashi et K. Ohashi

（311）水黄皮*Pongamia pinnata* (L.) Pierre

（312）葛麻姆*Pueraria montana* var. *lobata* (Willd.) Maesen et S. M. Almeida ex Sanjappa et Predeep

（313）三裂叶野葛*Pueraria phaseoloides* (Roxb.) Benth.

（314）小鹿藿*Rhynchosia minima* (L.) DC.

（315）落地豆*Rothia indica* (L.) Druce

（316）田菁*Sesbania cannabina* (Retz.) Poir.

（317）圭亚那笔花豆*Stylosanthes guianensis*

(Aubl.) Sw.

（318）葫芦茶*Tadehagi triquetrum* (L.) Ohashi

（319）白灰毛豆*Tephrosia candida* DC.

（320）西沙灰毛豆*Tephrosia luzonensis* Vogel

（321）矮灰毛豆*Tephrosia pumila* (Lam.) Pers.

（322）灰毛豆*Tephrosia purpurea* (L.) Pers.

（323）狸尾豆*Uraria lagopodioides* (L.) Desv. ex DC.

（324）滨豇豆*Vigna marina* (Burm.) Merr.

（325）丁癸草*Zornia gibbosa* Spanog.

### 6.51 木麻黄科 Casuarinaceae

（326）木麻黄*Casuarina equisetifolia* L.

### 6.52 榆科 Ulmaceae

（327）朴树*Celtis sinensis* Pers.

（328）假玉桂*Celtis timorensis* Span.

（329）光叶山黄麻*Trema cannabina* Lour.

（330）山黄麻*Trema tomentosa* (Roxb.) Hara

### 6.53 桑科 Moraceae

（331）见血封喉*Antiaris toxicaria* Lesch.

（332）构树*Broussonetia papyrifera* (L.) L'Heritier ex Ventenat

（333）高山榕*Ficus altissima* Blume

（334）大果榕*Ficus auriculata* Lour.

（335）垂叶榕*Ficus benjamina* L.

（336）对叶榕*Ficus hispida* L. f.

（337）细叶榕*Ficus microcarpa* L. f.

（338）琴叶榕*Ficus pandurata* Hance

（339）薜荔*Ficus pumila* L.

（340）笔管榕*Ficus subpisocarpa* Gagnepain

（341）斜叶榕*Ficus tinctoria* subsp. *gibbosa* (Bl.)Corner

（342）构棘*Maclura cochinchinensis* (Loureiro) Corner

（343）牛筋藤*Malaisia scandens* (Lour.) Planch.

（344）鹊肾树*Streblus asper* Lour.

### 6.54 荨麻科 Urticaceae

（345）雾水葛*Pouzolzia zeylanica* (L.) Benn.

### 6.55 冬青科 Aquifoliaceae

（346）铁冬青*Ilex rotunda* Thunb.

### 6.56 卫矛科 Celastraceae

（347）青江藤*Celastrus hindsii* Benth.

（348）变叶裸实*Gymnosporia diversifolia* Maxim.

### 6.57 翅子藤科 Hippocrateaceae

（349）五层龙*Salacia chinensis* L..

### 6.58 茶茱萸科 Icacinaceae

（350）小果微花藤*Iodes vitiginea* (Hance) Hemsl.

### 6.59 山柚子科 Opiliaceae

（351）山柑藤*Cansjera rheedei* J. F. Gmel.

### 6.60 桑寄生科 Loranthaceae

（352）三色鞘花*Macrosolen tricolor* (Lecomte) Danser

（353）广寄生*Taxillus chinensis* (DC.) Danser

（354）瘤果槲寄生*Viscum ovalifolium* Wall. et DC.

### 6.61 檀香科 Santalaceae

（355）寄生藤*Dendrotrophe varians* (Blume) Miquel

### 6.62 鼠李科 Rhamnaceae

（356）铁包金*Berchemia lineata* (L.) DC.

（357）蛇藤*Colubrina asiatica* (L.) Brongn.

（358）马甲子*Paliurus ramosissimus* (Lour.) Poir.

（359）雀梅藤*Sageretia thea* (Osbeck) Johnst.

### 6.63 胡颓子科 Elaeagnaceae

（360）角花胡颓子*Elaeagnus gonyanthes* Benth.

### 6.64 葡萄科 Vitaceae

（361）牯岭蛇葡萄*Ampelopsis glandulosa* var. *kulingensis* (Rehder) Momiyama

（362）乌蔹莓*Cayratia japonica* (Thunb.) Gagnep.

（363）厚叶崖爬藤*Tetrastigma pachyphyllum* (Hemsl.) Chun

### 6.65 芸香科 Rutaceae

（364）山油柑*Acronychia pedunculata* (L.) Miq.

（365）酒饼簕*Atalantia buxifolia* (Poir.) Oliv.

（366）假黄皮*Clausena excavata* Burm. F.

（367）小花山小橘*Glycosmis parviflora* (Sims) Kurz

（368）三桠苦*Melicope pteleifolia* (Champion ex Bentham) T. G. Hartley

（369）大管*Micromelum falcatum* (Lour.) Tan.

（370）翼叶九里香*Murraya alata* Drake

（371）九里香*Murraya exotica* L. Mant.

（372）小叶九里香*Murraya microphylla* (Merr. et Chun) Swingle

（373）楝叶吴萸*Tetradium glabrifolium* (Champ. ex Benth.) T. G. Hartley

（374）飞龙掌血*Toddalia asiatica* (L.) Lam.

（375）簕欓花椒*Zanthoxylum avicennae* (Lam.) DC.

（376）拟蚬壳花椒*Zanthoxylum laetum* Drake

### 6.66 苦木科 Simaroubaceae

（377）鸦胆子*Brucea javanica* (L.) Merr.

（378）牛筋果*Harrisonia perforata* (Blanco) Merr.

### 6.67 楝科 Meliaceae

（379）楝*Melia azedarach* L.

（380）木果楝*Xylocarpus granatum* Koenig

### 6.68 无患子科 Sapindaceae

（381）滨木患*Arytera littoralis* Bl.

（382）倒地铃*Cardiospermum halicacabum* L.

（383）车桑子*Dodonaea viscosa* (L.) Jacq.

### 6.69 漆树科 Anacardiaceae

（384）厚皮树*Lannea coromandelica* (Houtt.) Merr.

（385）芒果*Mangifera indica* L.

（386）盐肤木*Rhus chinensis* Mill.

（387）野漆*Toxicodendron succedaneum* (L.) O. Kuntze

### 6.70 牛栓藤科 Connaraceae

（388）小叶红叶藤*Rourea microphylla* (Hook. et Arn.) Planch.

### 6.71 八角枫科 Alangiaceae

（389）八角枫*Alangium chinense* (Lour.) Harms

（390）土坛树*Alangium salviifolium* (L. f.) Wanger.

### 6.72 五加科 Araliaceae

（391）虎刺楤木*Aralia finlaysoniana* (Wallich ex G. Don) Seemann

（392）白簕*Eleutherococcus trifoliatus* (L.) S. Y. Hu

（393）幌伞枫*Heteropanax fragrans* (Roxb.) Seem.

（394）鹅掌柴*Schefflera heptaphylla* (L.) Frodin

### 6.73 伞形科 Apiaceae

（395）积雪草*Centella asiatica* (L.) Urban

（396）天胡荽*Hydrocotyle sibthorpioides* Lam.

### 6.74 柿科 Ebenaceae

（397）光叶柿*Diospyros diversilimba* Merr. et Chun

（398）长苞柿*Diospyros longibracteata* Lec.

### 6.75 山榄科 Sapotaceae

（399）铁线子*Manilkara hexandra* (Roxb.) Dubard

### 6.76 紫金牛科 Myrsinaceae

（400）桐花树*Aegiceras corniculatum* (L.) Blanco

（401）罗伞树*Ardisia quinquegona* Blume

（402）雪下红*Ardisia villosa* Roxb.

（403）酸藤子*Embelia laeta* (L.) Mez

（404）打铁树*Myrsine linearis* (Loureiro) Poiret

### 6.77 山矾科 Symplocaceae

（405）越南山矾*Symplocos cochinchinensis* (Lour.) S. Moore

（406）丛花山矾*Symplocos poilanei* Guill.

（407）珠仔树*Symplocos racemosa* Roxb.

### 6.78 马钱科 Loganiaceae

（408）水田白*Mitrasacme pygmaea* R. Br.

（409）牛眼马钱*Strychnos angustiflora* Benth.

### 6.79 木犀科 Oleaceae

（410）扭肚藤*Jasminum elongatum* (Bergius) Willdenow

（411）青藤仔*Jasminum nervosum* Lour.

（412）小萼素馨*Jasminum microcalyx* Hance

（413）白皮素馨*Jasminum rehderianum* Kobuski

（414）异株木犀榄*Olea dioica* Roxb.

### 6.80 夹竹桃科 Apocynaceae

（415）长春花*Catharanthus roseus* (L.) G. Don

（416）海杧果*Cerbera manghas* L.

（417）鸡蛋花*Plumeria rubra* ‘Acutifolia’

（418）球花肉冠藤*Sarcolobus globosus* Wall.

（419）羊角拗*Strophanthus divaricatus* (Lour.) Hook. et Arn.

（420）络石*Trachelospermum jasminoides* (Lindl.) Lem.

（421）倒吊笔*Wrightia pubescens* R. Br.

### 6.81 萝藦科 Asclepiadaceae

（422）牛角瓜*Calotropis gigantea* (L.) W. T. Aiton

（423）马兰藤*Dischidanthus urceolatus* (Decne.) Tsiang

（424）南山藤*Dregea volubilis* (L. f.) Benth. ex Hook. f.

（425）海岛藤*Gymnanthera oblonga* (N. L. Burman) P. S. Green

（426）匙羹藤*Gymnema sylvestre* (Retz.) Schult.

（427）鲫鱼藤*Secamone elliptica* R. Brown

（428）弓果藤*Toxocarpus wightianus* Hook. et Arn.

（429）娃儿藤*Tylophora ovata* (Lindl.) Hook. ex Steud.

6.82 茜草科 Rubiaceae

（430）浓子茉莉*Benkara scandens* (Thunb.) Ridsdale

（431）山石榴*Catunaregam spinosa* (Thunb.) Tirveng.

（432）蓝花耳草*Hedyotis affinis* Roem. et Schult.

（433）细叶亚婆潮*Hedyotis auricularia* var. *mina* Ko

（434）双花耳草*Hedyotis biflora* (L.) Lam.

（435）伞房花耳草*Hedyotis corymbosa* (L.) Lam.

（436）白花蛇舌草*Hedyotis diffusa* Willd.

（437）牛白藤*Hedyotis hedyotidea* (DC.) Merr.

（438）海南龙船花*Ixora hainanensis* Merr.

（439）盖裂果*Mitracarpus hirtus* (L.) DC.

（440）海滨木巴戟*Morinda citrifolia* L.

（441）鸡眼藤*Morinda parvifolia* Bartl. et DC.

（442）玉叶金花*Mussaenda pubescens* W. T. Aiton

（443）鸡矢藤*Paederia foetida* L.

（444）九节*Psychotria asiatica* Wall.

（445）墨苜蓿*Richardia scabra* L.

（446）阔叶丰花草*Spermacoce alata* Aublet

（447）糙叶丰花草*Spermacoce hispida* L.

（448）光叶丰花草*Spermacoce remota* Lamarck

（449）假桂乌口树*Tarenna attenuata* (Voigt) Hutchins.

（450）水锦树*Wendlandia uvariifolia* Hance

6.83 菊科 Asteraceae

（451）美形金钮扣*Acmella calva* (Candolle) R. K. Jansen

（452）金钮扣*Acmella paniculata* (Wallich ex Candolle) R. K. Jansen

（453）胜红蓟*Ageratum conyzoides* L.

（454）豚草*Ambrosia artemisiifolia* L.

（455）黄花蒿*Artemisia annua* L.

（456）茵陈蒿*Artemisia capillaris* Thunb.

（457）雷琼牡蒿*Artemisia hancei* (Pamp.) Ling et Y. R. Ling

（458）五月艾*Artemisia indica* Willd.

（459）鬼针草*Bidens pilosa* L.

（460）飞机草*Chromolaena odorata* (L.) R. M. King et H. Robinson

（461）野茼蒿*Crassocephalum crepidioides* (Benth.) S. Moore

（462）鳢肠*Eclipta prostrata* (L.) L.

（463）地胆草*Elephantopus scaber* L.

（464）一点红*Emilia sonchifolia* (L.) DC.

（465）梁子菜*Erechtites hieraciifolius* (L.) Raf. ex DC.

（466）菊芹*Erechtites valerianaefolia* (Wolf.) DC.

（467）香丝草*Erigeron bonariensis* L.

（468）小蓬草*Erigeron canadensis* L.

（469）苏门白酒草*Erigeron sumatrensis* Retz.

（470）田基黄*Grangea maderaspatana* (L.) Poir.

（471）白子菜*Gynura divaricata* (L.) DC.

（472）剪刀股*Ixeris japonica* (Burm. F.) Nakai

（473）沙苦荬菜*Ixeris repens* (L.) A. Gray

（474）翅果菊*Lactuca indica* L.

（475）匍枝栓果菊*Launaea sarmentosa* (Willd.) Sch.Bip. ex Kuntze

（476）卤地菊*Melanthera prostrata* (Hemsley) W. L. Wagner et H. Robinson

（477）微甘菊*Mikania micrantha* H. B. K.

（478）银胶菊*Parthenium hysterophorus* L.

（479）阔苞菊*Pluchea indica* (L.) Less.

（480）光梗阔苞菊*Pluchea pteropoda* Hemsl.

（481）假臭草*Praxelis clematidea* (Griseb.) R. M. King et H.Rob.

（482）千里光*Senecio scandens* Buch.-Ham. ex D. Don

（483）豨莶*Sigesbeckia orientalis* L.

（484）苦苣菜*Sonchus oleraceus* L.

（485）蟛蜞菊*Sphagneticola calendulacea* (L.) Pruski

（486）南美蟛蜞菊*Sphagneticola trilobata* (L.) Pruski

（487）金腰箭*Synedrella nodiflora* (L.) Gaertn.

（488）肿柄菊*Tithonia diversifolia* A. Gray.

（489）羽芒菊*Tridax procumbens* L.

（490）夜香牛*Vernonia cinerea* (L.) Less.

（491）咸虾花*Vernonia patula* (Dryand.) Merr.

（492）孪花菊*Wollastonia biflora* (L.) Candolle

（493）苍耳*Xanthium strumarium* L.

（494）黄鹌菜*Youngia japonica* (L.) DC.

### 6.84　白花丹科 Plumbaginaceae

（495）紫条木*Aegialitis annulata* R. Br.

（496）补血草*Limonium sinense* (Girard) Kuntze

（497）白花丹*Plumbago zeylanica* L.

### 6.85　桔梗科 Campanulaceae

（498）短柄半边莲*Lobelia alsinoides* Lam.

（499）半边莲*Lobelia chinensis* Lour.

### 6.86　草海桐科 Goodeniaceae

（500）小草海桐*Scaevola hainanensis* Hance

（501）草海桐*Scaevola taccada* (Gaertner) Roxburgh

（502）离根香*Goodenia pilosa* subsp. *chinensis* (Bentham) D. G. Howarth et D. Y. Hong

### 6.87　花柱草科 Stylidiaceae

（503）花柱草*Stylidium uliginosum* Swartz

### 6.88　紫草科 Boraginaceae

（504）基及树*Carmona microphylla* (lam.) G. Don

（505）破布木*Cordia dichotoma* Forst.

（506）宿苞厚壳树*Ehretia asperula* Zool. et Mor.

（507）大尾摇*Heliotropium indicum* L.

（508）细叶天芥菜*Heliotropium strigosum* Willd.

### 6.89　茄科 Solanaceae

（509）洋金花*Datura metel* L.

（510）苦蘵*Physalis angulata* L.

（511）小酸浆*Physalis minima* L.

（512）少花龙葵*Solanum americanum* Miller

（513）牛茄子*Solanum capsicoides* Allioni

（514）假烟叶树*Solanum erianthum* D. Don

（515）海南茄*Solanum procumbens* Loureiro

（516）水茄*Solanum torvum* Swartz

（517）野茄*Solanum undatum* Lamarck

### 6.90　旋花科 Convolvulaceae

(518)白鹤藤*Argyreia acuta* Lour.

（519）山猪菜*Camonea pilosa* (Houtt.) A. R. Simões et Staples

（520）掌叶鱼黄草*Camonea vitifolia* (Burm. f.) A. R. Simões et Staples,

（521）南方菟丝子*Cuscuta australis* R. Br.

（522）土丁桂*Evolvulus alsinoides* (L.) L.

（523）猪菜藤*Hewittia malabarica* (L.) Suresh

（524）蕹菜*Ipomoea aquatica* Forsskal

（525）五爪金龙*Ipomoea cairica* (L.) Sweet

（526）假厚藤*Ipomoea imperati* (Vahl) Grisebach

（527）小心叶薯*Ipomoea obscura* (L.) Ker Gawl.

（528）厚藤*Ipomoea pes-caprae* (L.) R. Brown

（529）虎掌藤*Ipomoea pes-tigridis* L.

（530）圆叶牵牛*Ipomoea purpurea* Lam.

（531）茑萝松*Ipomoea quamoclit* L.

（532）三裂叶薯*Ipomoea triloba* L.

（533）管花薯*Ipomoea violacea* L.

（534）小牵牛*Jacquemontia paniculata* (N. L. Burman) H. Hallier

（535）篱栏网*Merremia hederacea* (Burm. F.) Hall. F.

（536）盒果藤*Operculina turpethum* (L.) S. Manso

（537）地旋花*Xenostegia tridentata* (L.) D. F. Austin et Staples

### 6.91　玄参科 Scrophulariaceae

（538）假马齿苋*Bacopa monnieri* (L.) Wettst.

（539）田玄参*Bacopa repens* (Swartz) Wettstein

（540）直立石龙尾*Limnophila erecta* Benth.

（541）长蒴母草*Lindernia anagallis* (Burm. F.) Pennell

（542）泥花草*Lindernia antipoda* (L.) Alston

（543）刺齿泥花草*Lindernia ciliata* (Colsm.) Pennell

（544）母草*Lindernia crustacea* (L.) F. Muell

（545）圆叶母草*Lindernia nummulariifolia* (D. Don) Wettstein

（546）细叶母草*Lindernia tenuifolia* (Colsm.) Alston

（547）通泉草*Mazus pumilus* (N. L. Burman) Steenis

（548）野甘草*Scoparia dulcis* L.

### 6.92　紫葳科 Bignoniaceae

（549）海滨猫尾木*Dolichandrone spathacea* (L.f.) Seem.

（550）猫尾木*Markhamia stipulata* var. *kerrii* Sprague

### 6.93　爵床科 Acanthaceae

（551）小花老鼠簕*Acanthus ebracteatus* Vahl

（552）老鼠簕*Acanthus ilicifolius* L.

（553）穿心莲*Andrographis paniculata* (Burm. F.) Nees

（554）假杜鹃*Barleria cristata* L.

（555）鳄嘴花*Clinacanthus nutans* (Burm. f.) Lindau

（556）狗肝菜*Dicliptera chinensis* (L.) Juss.

（557）水蓑衣*Hygrophila ringens* (L.) R. Brown ex Sprengel

（558）海康钩粉草*Pseuderanthemum haikangense* C. Y. Wu et H. S. Lo

（559）楠草*Ruellia repens* L.

（560）碗花草*Thunbergia fragrans* Roxb.

（561）山牵牛*Thunbergia grandiflora* (Rottl. ex Willd .) Roxb.

### 6.94　苦槛蓝科 Myoporaceae

（562）苦槛蓝*Pentacoelium bontioides* Siebold et Zuccarini

### 6.95　马鞭草科 Verbenaceae

（563）白骨壤*Avicennia marina* (Forsk.) Vierh.

（564）裸花紫珠*Callicarpa nudiflora* Hook. et Arn.

（565）大青*Clerodendrum cyrtophyllum* Turcz.

（566）苦郎树*Clerodendrum inerme* (L.) Gaertn.

（567）马缨丹*Lantana camara* L.

（568）过江藤*Phyla nodiflora* (L.)Greene

（569）伞序臭黄荆*Premna serratifolia* L.

（570）假马鞭*Stachytarpheta jamaicensis* (L.) Vahl

（571）黄荆*Vitex negundo* L.

（572）单叶蔓荆*Vitex rotundifolia* L. f.

（573）蔓荆*Vitex trifolia* L.

### 6.96　唇形科 Labiatae

（574）广防风*Anisomeles indica* (L.) Kuntze

（575）吊球草*Hyptis rhomboidea* Mart. et Gal.

（576）山香*Hyptis suaveolens* (L.) Poit.

（577）益母草*Leonurus japonicus* Houttuyn

（578）疏毛白绒草*Leucas mollissima* var. *chinensis* Benth.

（579）绉面草*Leucas zeylanica* (L.) R. Br.

（580）水珍珠菜*Pogostemon auricularius* (L.) Hassk.

## 7.单子叶植物纲 Monocotyledones

### 7.1　大叶藻科 Zosteraceae

（581）矮大叶藻（日本鳗草）*Zostera japonica* Asch. et Graebn.

### 7.2　角果藻科 Zannichelliaceae

（582）二药藻*Halodule uninervis* (Forsskal) Ascherson

### 7.3　水鳖科 Hydrocharitaceae

（583）贝克喜盐草*Halophila beccarii* Asch.

（584）喜盐草*Halophila ovalis* (R. Br.) Hook. f.

### 7.4　鸭跖草科 Commelinaceae

（585）饭包草*Commelina benghalensis* L.

（586）竹节菜*Commelina diffusa* N. L. Burm.

（587）狭叶水竹叶*Murdannia kainantensis* (Masam.) Hong

（588）牛轭草*Murdannia loriformis* (Hassk.) R. S. Rao et Kammathy

（589）裸花水竹叶*Murdannia nudiflora* (L.) Brenan

### 7.5　须叶藤科 Flagellariaceae

（590）须叶藤*Flagellaria indica* L.

### 7.6　黄眼草科 Xyridaceae

（591）硬叶葱草*Xyris complanata* R. Br.

### 7.7　谷精草科 Eriocaulaceae

（592）华南谷精草*Eriocaulon sexangulare* L.

### 7.8　凤梨科 Bromeliaceae

（593）凤梨*Ananas comosus* (L.) Merr.

### 7.9　姜科 Zingiberaceae

（594）海南山姜*Alpinia hainanensis* K. Schumann

（595）高良姜*Alpinia officinarum* Hance

（596）闭鞘姜*Cheilocostus speciosus* (J. Koenig) C. D. Specht

（597）红球姜*Zingiber zerumbet* (L.) Roscose ex Smith

### 7.10 百合科 Liliaceae

（598）天门冬*Asparagus cochinchinensis* (Lour.) Merr.

（599）小花吊兰*Chlorophytum laxum* R. Br.

（600）山菅兰*Dianella ensifolia* (L.) Redout é

### 7.11 雨久花科 Pontederiaceae

（601）凤眼蓝*Eichhornia crassipes* (Mart.) Solme

### 7.12 菝葜科 Smilacaceae

（602）菝葜*Smilax china* L.

### 7.13 天南星科 Araceae

（603）海芋*Alocasia odora* (Roxburgh) K. Koch

（604）大薸*Pistia stratiotes* L.

### 7.14 浮萍科 Lemnaceae

（605）浮萍*Lemna minor* L.

### 7.15 香蒲科 Typhaceae

（606）水烛*Typha angustifolia* L.

（607）香蒲*Typha orientalis* Presl

### 7.16 石蒜科 Amaryllidaceae

（608）文殊兰*Crinum asiaticum* var. *sinicum* (Roxb.ex Herb.) Baker

### 7.17 薯蓣科 Dioscoreaceae

（609）黄独*Dioscorea bulbifera* L.

### 7.18 龙舌兰科

（610）龙舌兰*Agave americana* L.

（611）剑麻*Agave sisalana* Perr. ex Engelm.

### 7.19 棕榈科 Palmae

（612）鱼尾葵*Caryota maxima* Blume ex Martius

（613）椰子*Cocos nucifera* L.

（614）蒲葵*Livistona chinensis* (Jacq.) R. Br.

（615）刺葵*Phoenix loureiroi* Kunth

（616）丝葵*Washingtonia filifera* (Lind. ex Andre) H. Wendl

### 7.20 露兜树科 Pandanaceae

（617）勒古子*Pandanus kaida* Kurz

（618）露兜树*Pandanus tectorius* Parkinson ex Du Roi

### 7.21 田葱科 Philydraceae

（619）田葱*Philydrum lanuginosum* Banks et Sol. ex Gaertner

### 7.22 兰科 Orchidaceae

（620）美冠兰*Eulophia graminea* Lindl.

（621）绶草*Spiranthes sinensis* (Pers.) Ames

（622）线柱兰*Zeuxine strateumatica* (L.) Schltr.

### 7.23 灯心草科 Juncaceae

（623）笄石菖*Juncus prismatocarpus* R. Brown

### 7.24 莎草科 Cyperaceae

（624）球柱草*Bulbostylis barbata* (Rottb.) C. B. Clarke

（625）丝叶球柱草*Bulbostylis densa* (Wall.) Hand.–Mzt.

（626）毛鳞球柱草*Bulbostylis puberula* (Poir.) C. B. Clarke

（627）扁穗莎草*Cyperus compressus* L.

（628）异型莎草*Cyperus difformis* L.

（629）畦畔莎草*Cyperus haspan* L.

（630）碎米莎草*Cyperus iria* L.

（631）短叶茳芏*Cyperus malaccensis* subsp. *monophyllus* (Vahl) T. Koyama

（632）断节莎*Cyperus odoratus* L.

（633）毛轴莎草*Cyperus pilosus* Vahl

（634）辐射穗砖子苗*Cyperus radians* Nees et C. A. Mey. ex Nees

（635）香附子*Cyperus rotundus* L.

（636）粗根茎莎草*Cyperus stoloniferus* Retz.

（637）苏里南莎草*Cyperus surinamensis* Rottboll

（638）荸荠*Eleocharis dulcis* (Burm. f.) Trin. ex Hensch.

（639）黑籽荸荠*Eleocharis geniculata* (L.) Roemer et Schultes

（640）贝壳叶荸荠*Eleocharis retroflexa* (Poiret) Urban

（641）螺旋鳞荸荠*Eleocharis spiralis* (Rottboll) Roemer et Schultes

（642）扁鞘飘拂草*Fimbristylis complanata* (Retz.) Link

（643）两歧飘拂草*Fimbristylis dichotoma* (L.) Vahl

（644）水虱草*Fimbristylis littoralis* Grandich

（645）长柄果飘拂草*Fimbristylis longistipitat*

*a* Tang et Wang

（646）细叶飘拂草*Fimbristylis polytrichoides* (Retz.) Vahl

（647）绢毛飘拂草*Fimbristylis sericea* (Poir.) R. Br.

（648）锈鳞飘拂草*Fimbristylis sieboldii* Miq.

（649）双穗飘拂草*Fimbristylis subbispicata* Nees et Meyen

（650）毛芙兰草*Fuirena ciliaris* (L.) Roxb.

（651）芙兰草*Fuirena umbellata* Rottb.

（652）短叶水蜈蚣*Kyllinga brevifolia* Rottb.

（653）单穗水蜈蚣*Kyllinga nemoralis* (J. R. Forster et G. Forster) Dandy ex Hutchinson et Dalziel

（654）多枝扁莎*Pycreus polystachyos* (Rottboll) P. Beauvois

（655）矮扁莎*Pycreus pumilus* (L.) Domin

（656）红鳞扁莎*Pycreus sanguinolentus* (Vahl) Nees

（657）海滨莎*Remirea maritima* Aubl.

（658）三俭草*Rhynchospora corymbosa* (L.) Britt.

（659）刺子莞*Rhynchospora rubra* (Lour.) Makino

（660）水葱*Schoenoplectus tabernaemontani* (C. C. Gmelin) Palla

（661）三棱水葱*Schoenoplectus triqueter* (L.) Palla

（662）海三棱藨草 × *Bolboschoenoplectus mariqueter* (Tang et F. T. Wang) Tatanov

### 7.25　禾本科 Poaceae

#### 7.25.1　竹亚科 Bambusoideae

（663）簕竹*Bambusa blumeana* J. A. et J. H. Schult. F.

（664）托竹*Pseudosasa cantorii* (Munro) P. C. Keng ex S. L. Chen et al.

#### 7.25.2　禾亚科 Agrostidoideae

（665）水蔗草*Apluda mutica* L.

（666）地毯草*Axonopus compressus* (Sw.) Beauv.

（667）臭根子草*Bothriochloa bladhii* (Retz.) S. T. Blake

（668）巴拉草*Brachiaria mutica* (Forsk.) Stapf

（669）四生臂形草*Brachiaria subquadripara* (Trin.) Hitchc

（670）蒺藜草*Cenchrus echinatus* L.

（671）孟仁草*Chloris barbata* Sw.

（672）台湾虎尾草*Chloris formosana* (Honda) Keng

（673）竹节草*Chrysopogon aciculatus* (Retz.) Trin.

（674）薏苡*Coix lacryma-jobi* L.

（675）狗牙根*Cynodon dactylon* (L.) Pers.

（676）龙爪茅*Dactyloctenium aegyptium* (L.) Willd.

（677）升马唐*Digitaria ciliaris* (Retz.) Koel.

（678）亨利马唐*Digitaria henryi* Rendle

（679）光头稗*Echinochloa colona* (L.) Link

（680）稗*Echinochloa crus-galli* (L.) P. Beauv.

（681）牛筋草*Eleusine indica* (L.) Gaertn.

（682）鼠妇草*Eragrostis atrovirens* (Desf.) Trin. ex Steud.

（683）长画眉草*Eragrostis brownii* (Kunth) Nees

（684）短穗画眉草*Eragrostis cylindrica* (Roxb.) Nees

（685）华南画眉草*Eragrostis nevinii* Hance

（686）鲫鱼草*Eragrostis tenella* (L.) Beauv. ex Roem. et Schult.

（687）牛虱草*Eragrostis unioloides* (Retz.) Nees ex Steud.

（688）假俭草*Eremochloa ophiuroides* (Munro) Hack.

（689）鹧鸪草*Eriachne pallescens* R. Br.

（690）高野黍*Eriochloa procera* (Retz.) C. E. Hubb.

（691）扁穗牛鞭草*Hemarthria compressa* (L. f.) R. Br.

（692）黄茅*Heteropogon contortus* (L.) P. Beauv. ex Roem. et Schult.

（693）膜稃草*Hymenachne amplexicaulis* (Rudge) Nees

（694）大白茅*Imperata cylindrica* var. *major* (Nees) C. E. Hubbard

（695）柳叶箬*Isachne globosa* (Thunb.) O. Kuntze

（696）有芒鸭嘴草*Ischaemum aristatum* L.

（697）纤毛鸭嘴草*Ischaemum ciliare* Retzius

（698）李氏禾*Leersia hexandra* Swartz

（699）千金子*Leptochloa chinensis* (L.) Nees

（700）细穗草*Lepturus repens* (G. Forst.) R. Br.

（701）红毛草*Melinis repens* (Willdenow) Zizka

（702）五节芒*Miscanthus floridulus* (Lab.) Warb. ex Schum et Laut.

（703）芒*Miscanthus sinensis* Anderss.

（704）类芦*Neyraudia reynaudiana* (kunth.) Keng

（705）竹叶草*Oplismenus compositus* (L.) Beauv.

（706）短叶黍*Panicum brevifolium* L.

（707）大黍*Panicum maximum* Jacq.

（708）铺地黍*Panicum repens* L.

（709）两耳草*Paspalum conjugatum* Berg.

（710）双穗雀稗*Paspalum distichum* L.

（711）圆果雀稗*Paspalum scrobiculatum* var. *orbiculare* (G. Forster) Hackel

（712）海雀稗*Paspalum vaginatum* Sw.

（713）狼尾草*Pennisetum alopecuroides* (L.) Spreng.

（714）牧地狼尾草*Pennisetum polystachion* (L.) Schultes

（715）象草*Pennisetum purpureum* Schum.

（716）茅根*Perotis indica* (L.) Kuntze

（717）芦苇*Phragmites australis* (Cav.) Trin. ex Steud.

（718）卡开芦*Phragmites karka* (Retz.) Trin

（719）金丝草*Pogonatherum crinitum* (Thunb.) Kunth

（720）筒轴茅*Rottboellia cochinchinensis* (Loureiro) Clayton

（721）斑茅*Saccharum arundinaceum* Retz.

（722）甜根子草*Saccharum spontaneum* L.

（723）囊颖草*Sacciolepis indica* (L.) A. Chase

（724）莠狗尾草*Setaria geniculata* (Lam.) Beauv.

（725）互花米草*Spartina alterniflora* Lois.

（726）老鼠艻*Spinifex littoreus* (Burm. F.) Merr.

（727）鼠尾粟*Sporobolus fertilis* (Steud.) W. D. Glayt.

（728）盐地鼠尾粟*Sporobolus virginicus* (L.) Kunth

（729）蒭雷草*Thuarea involuta* (Forst.) R. Br. ex Roem. et Schult.

（730）沟叶结缕草*Zoysia matrella* (L.) Merr.

# 中文名称索引


A

矮灰毛豆……186
艾堇……066

B

巴拉草……136
巴西含羞草……174
白苞猩猩草……167
白背黄花棯……164
白背叶……169
白饭树……168
白鼓钉……033
白骨壤……018
白花丹……208
白花蛇舌草……200
白皮素馨……197
白楸……170
白树……067
白桐树……062
稗……232
斑茅……240
北美独行菜……149
贝壳叶荸荠……130
贝克喜盐草……019
荸荠……128
笔管榕……189
蓖麻……171
薜荔……188
扁豆……182
扁穗莎草……225
变叶裸实……079
滨豇豆……076
滨木患……194
补骨脂……178
补血草……105

C

糙叶丰花草……094
草海桐……107
草龙……156
箣柊……050
潺槁木姜子……148
长春花……088
长刺酸模……151
长梗黄花棯……164
长梗星粟草……035
长画眉草……233
车桑子……084
翅果菊……206
翅荚决明……185
赤山蚂蝗……180
臭根子草……230
垂叶榕……188
刺果苏木……069
刺果藤……056
刺花莲子草……153
刺葵……223
刺篱木……049
刺蒴麻……161
刺苋……154
粗齿刺蒴麻……161
粗根茎莎草……127
酢浆草……156

D

打铁树……195
大白茅……235
大管……193
大青……218
大黍……237
大尾摇……209
大叶相思……173
大翼豆……183
单叶蔓荆……119
单叶木蓝……181
倒地铃……195
倒吊笔……090

地胆草……204
地毯草……229
地桃花……165
地旋花……215
地杨桃……170
吊裙草……177
丁癸草……187
毒瓜……158
短叶茳芏……021
短叶水蜈蚣……228
断节莎……226
钝叶鱼木……032
多枝扁莎……228

E

鹅掌柴……195

F

番杏……037
方叶五月茶……165
飞机草……204
飞扬草……167
风瓜……158
凤梨……221
凤眼蓝……222
匐枝栓果菊……098
辐射穗砖子苗……126

G

盖裂果……201
杠板归……151
高野黍……234
鸽仔豆……179
葛麻姆……183
弓果藤……199
沟叶结缕草……143
狗牙根……231
构棘……078
构树……188
光萼猪屎豆……178
光梗阔苞菊……101
光荚含羞草……174
光头稗……232
光叶丰花草……202
光叶柿……086
圭亚那笔花豆……186
鬼针草……204
过江藤……117

H

海边月见草……046
海刀豆……072
海岛藤……092
海红豆……173
海金沙……146
海马齿……036
海杧果……089
海南茄……210
海南山姜……221
海漆……013
海雀稗……140
海三棱藨草……024
含羞草……175
合萌……175
黑果飘拂草……132
黑面神……166
黑籽荸荠……129
红瓜……158
红海榄……012
红毛草……236
厚皮树……085
厚藤……111
厚叶崖爬藤……192
虎掌藤……213
互花米草……026
华莲子草……152
华南云实……070
黄独……222
黄花草……149
黄花棯……163
黄槿……060
黄茅……235
黄细心……047
灰毛豆……186

J

鸡骨香……166
鸡矢藤……202
鸡眼藤……201
蒺藜……155
蒺藜草……230
鲫鱼草……234
鲫鱼藤……199
假臭草……207
假地豆……179
假杜鹃……217
假海马齿……038
假厚藤……110
假黄皮……192
假俭草……234
假马鞭……219
假马齿苋……112
假鹰爪……148
假玉桂……187
尖叶卤蕨……003
剪刀股……096
剑麻……223
角果木……010
酒饼簕……192
九叶木蓝……182
绢毛飘拂草……134

K

卡开芦……141

苦槛蓝……115
苦郎树……116
苦蘵……210
阔苞菊……100
阔荚合欢……174
阔叶丰花草……202

L

拉关木……007
蓝花耳草……199
榄李……008
榄仁树……055
榄形风车子……054
狼尾草……238
老鼠艻……142
老鼠簕……017
簕竹……229
类芦……237
棱轴土人参……041
篱栏网……215
李氏禾……236
莲子草……153
链荚豆……176
楝……194
了哥王……157
梁子菜……205
两耳草……238
龙舌兰……222
龙珠果……157
龙爪茅……231
芦苇……025
卤地菊……099
卤蕨……002
陆地棉……059
露兜树……125
孪花菊……104
螺旋鳞荸荠……131
裸花水竹叶……220
落地豆……184
落地生根……150
落葵……155
落葵薯……155
绿玉树……065

M

麻风树……169
马瓟儿……159
马齿苋……151
马甲子……082
马兰藤……198
马松子……162
马缨丹……218
蔓草虫豆……176
蔓荆……120
毛草龙……156
毛芙兰草……227
毛蕨……147
毛鳞球柱草……224
毛马齿苋……039
毛轴莎草……226
茅根……239
茅瓜……159
茅莓……172
美冠兰……223
孟仁草……137
棉叶珊瑚花……169
膜稃草……235
墨苜蓿……093
磨盘草……162
母草……216
木榄……009
木麻黄……077
牧地狼尾草……239

N

南方碱蓬……004
南方菟丝子……109
南美蟛蜞菊……103
南山藤……198
囊颖草……241
泥花草……113
拟蚬壳花椒……194
茑萝松……215
牛白藤……201
牛角瓜……091
牛筋草……233
牛眼睛……031
牛眼马钱……196
扭肚藤……196

P

蟛蜞菊……102
破布叶……161
铺地蝙蝠草……176
铺地黍……237
匍匐滨藜……042
匍根大戟……064
朴树……187

Q

桤叶黄花棯……163
畦畔莎草……225
千根草……168
青灰叶下珠……171
青皮刺……030
青藤仔……197
青葙……154
秋茄树……011
球果猪屎豆……178
球花肉冠藤……015
球柱草……224
曲轴海金沙……146
雀梅藤……191
鹊肾树……189

S

三点金 ……180
三俭草 ……228
三棱水葱 ……023
三裂叶薯 ……214
三裂叶野葛 ……184
伞房花耳草 ……200
伞序臭黄荆 ……118
沙苦荬菜 ……097
山柑藤 ……080
山牵牛 ……218
少花龙葵 ……210
蛇泡筋 ……172
蛇婆子 ……058
蛇藤 ……081
肾蕨 ……147
升马唐 ……232
胜红蓟 ……203
石岩枫 ……170
匙羹藤 ……198
绶草 ……224
疏花木蓝 ……181
鼠妇草 ……233
鼠尾粟 ……241
水葱 ……022
水黄皮 ……075
水蕨 ……147
水茄 ……211
水蓑衣 ……114
水蔗草 ……229
水烛 ……122
四瓣马齿苋 ……040
四生臂形草 ……230
苏里南莎草 ……227
苏门白酒草 ……206
宿苞厚壳树 ……108
碎米莎草 ……226

T

台琼海桐 ……048
台湾虎尾草 ……138
台湾相思 ……173
桃金娘 ……159
天门冬 ……221
田菁 ……185
田玄参 ……216
甜根子草 ……240
甜麻 ……160
铁包金 ……191
铁冬青 ……190
铁苋菜 ……165
铁线子 ……087
桐花树 ……014
筒轴茅 ……239
土丁桂 ……212
土荆芥 ……152
土蜜树 ……166
土牛膝 ……152
豚草 ……203

W

弯枝黄檀 ……073
望江南 ……185
微甘菊 ……207
尾穗苋 ……153
文殊兰 ……123
蕹菜 ……212
乌桕 ……172
无瓣海桑 ……006
无根藤 ……148
无茎粟米草 ……150
五层龙 ……190
五节芒 ……236
五月艾 ……203
五爪金龙 ……213
雾水葛 ……190

X

喜旱莲子草 ……044
喜盐草 ……020
细齿大戟 ……063
细叶母草 ……217
细叶飘拂草 ……133
细叶天芥菜 ……209
细叶亚婆潮 ……200
狭叶尖头叶藜 ……043
狭叶水竹叶 ……220
狭叶猪屎豆 ……177
仙人掌 ……051
腺果藤 ……157
相思子 ……175
香附子 ……227
香港算盘子 ……168
香蒲桃 ……052
香丝草 ……205
小草海桐 ……106
小刀豆 ……071
小果微花藤 ……191
小果叶下珠 ……171
小花老鼠簕 ……016
小鹿藿 ……184
小蓬草 ……206
小牵牛 ……214
小心叶薯 ……213
小叶海金沙 ……146
小叶九里香 ……193
斜叶榕 ……189
心叶黄花稔 ……164
猩猩草 ……167
锈鳞飘拂草 ……135
须叶藤 ……121

## Y

鸦胆子……083
盐地鼠尾粟……027
雁婆麻……162
羊角拗……197
杨叶肖槿……061
洋金花……209
椰子……124
野甘草……217
野牡丹……160
野茄……211
野青树……182
夜香牛……208
一点红……205
异型莎草……225
异叶山蚂蝗……180
薏苡……139
翼叶九里香……193
茵陈蒿……095
银合欢……068
银花苋……045
银叶树……057
印度肉苞海蓬……005
硬毛木蓝……181
硬叶葱草……220
鱼藤……074
羽芒菊……208
玉蕊……053
圆果雀稗……238
圆叶牵牛……214
圆叶野扁豆……179

## Z

掌叶鱼黄草……211
针晶粟草……034
直立石龙尾……216
中华黄花棯……163
肿柄菊……207
种棱粟米草……150
绉面草……219
皱果苋……154
皱子白花菜……149
珠仔树……196
猪菜藤……212
猪屎豆……177
竹节菜……219
竹节草……231
竹节树……160
紫花大翼豆……183

# 拉丁学名索引

## A

*Abrus precatorius* L. ······ 175
*Abutilon indicum* (L.) Sweet ······ 162
*Acacia auriculiformis* A. Cunn. ex Benth ······ 173
*Acacia confusa* Merr. ······ 173
*Acalypha australis* L. ······ 165
*Acanthus ebracteatus* Vahl ······ 016
*Acanthus ilicifolius* L. ······ 017
*Achyranthes aspera* L. ······ 152
*Acrostichum aureum* L. ······ 002
*Acrostichum speciosum* Willd. ······ 003
*Adenanthera microsperma* Teijsmann et Binnendijk ······ 173
*Aegiceras corniculatum* (L.) Blanco ······ 014
*Aeschynomene indica* L. ······ 175
*Agave americana* L. ······ 222
*Agave sisalana* Perr. ex Engelm. ······ 223
*Ageratum conyzoides* L. ······ 203
*Albizia lebbeck* (L.) Benth. ······ 174
*Alpinia hainanensis* K. Schumann ······ 221
*Alternanthera paronychioides* A. Saint-Hilaire ······ 152
*Alternanthera philoxeroides* (Mart.) Griseb. ······ 044
*Alternanthera pungens* H. B. K. ······ 153
*Alternanthera sessilis* (L.) R. Br. ex DC. ······ 153
*Alysicarpus vaginalis* (L.) DC. ······ 176
*Amaranthus caudatus* L. ······ 153
*Amaranthus spinosus* L. ······ 154
*Amaranthus viridis* L. ······ 154
*Ambrosia artemisiifolia* L. ······ 203
*Ananas comosus* (L.) Merr. ······ 221
*Anredera cordifolia* (Tenore) Steenis ······ 155
*Antidesma ghaesembilla* Gaertn. ······ 165
*Apluda mutica* L. ······ 229
*Arivela viscosa* (L.) Raf ······ 149
*Artemisia capillaris* Thunb. ······ 095
*Artemisia indica* Willd. ······ 203
*Arytera littoralis* Bl. ······ 194
*Asparagus cochinchinensis* (Lour.) Merr. ······ 221
*Atalantia buxifolia* (Poir.) Oliv. ······ 192
*Atriplex repens* Roth ······ 042
*Avicennia marina* (Forsk.) Vierh. ······ 018
*Axonopus compressus* (Sw.) Beauv. ······ 229

## B

*Bacopa monnieri* (L.) Wettst. ······ 112
*Bacopa repens* (Swartz) Wettst. ······ 216
*Bambusa blumeana* J. A. et J. H. Schult. F. ······ 229
*Barleria cristata* L. ······ 217
*Barringtonia racemosa* (L.) Spreng ······ 053
*Basella alba* L. ······ 155
*Berchemia lineata* (L.) DC. ······ 191

*Bidens pilosa* L. ········· 204
*Boerhavia diffusa* L. ········· 047
*Bothriochloa bladhii* (Retz.) S. T. Blake ········· 230
*Brachiaria mutica* (Forsk.) Stapf ········· 136
*Brachiaria subquadripara* (Trin.) Hitchc ········· 230
*Breynia fruticosa* (L.) Hook. f. ········· 166
*Bridelia tomentosa* Bl. ········· 166
*Broussonetia papyrifera* (L.) L'Heritier ex Ventenat ········· 188
*Brucea javanica* (L.) Merr. ········· 083
*Bruguiera gymnorhiza* (L.) Savigny ········· 009
*Bryophyllum pinnatum* (L. f.) Oken ········· 150
*Bulbostylis barbata* (Rottb.) C. B. Clarke ········· 224
*Bulbostylis puberula* (Poir.) C. B. Clarke ········· 224
*Byttneria grandifolia* Candolle ········· 056
× *Bolboschoenoplectus mariqueter* (Tang et F. T. Wang) Tatanov ········· 024

C

*Caesalpinia bonduc* (L.) Roxb. ········· 069
*Caesalpinia crista* L. ········· 070
*Cajanus scarabaeoides* (L.) Thouars ········· 176
*Calotropis gigantea* (L.) W. T. Aiton ········· 091
*Camonea vitifolia* (Burm. F.) A. R. Simoes et steples ········· 211
*Canavalia cathartica* Thou. ········· 071
*Canavalia rosea* (Sw.) DC. ········· 072
*Cansjera rheedei* J. F. Gmel. ········· 080
*Capparis sepiaria* L. Syst. Nat. ········· 030
*Capparis zeylanica* L. ········· 031
*Carallia brachiata* (Lour.) Merr. ········· 160
*Cardiospermum halicacabum* L. ········· 195
*Cassytha filiformis* L. ········· 148
*Casuarina equisetifolia* L. ········· 077
*Catharanthus roseus* (L.) G. Don ········· 088
*Celosia argentea* L. ········· 154
*Celtis sinensis* Pers. ········· 187
*Celtis timorensis* Span. ········· 187
*Cenchrus echinatus* L. ········· 230
*Ceratopteris thalictroides* (L.) Brongn. ········· 147
*Cerbera manghas* L. ········· 089
*Ceriops tagal* (Perr.) C. B. Rob. ········· 010
*Chenopodium acuminatum* subsp. *virgatum* (Thunb.) Kitam. ········· 043
*Chloris barbata* Sw. ········· 137
*Chloris formosana* (Honda) Keng ········· 138
*Christia obcordata* (Poir.) Bahn. F. ········· 176
*Chromolaena odorata* (L.) R. M. King et H. Robinson ········· 204
*Chrysopogon aciculatus* (Retz.) Trin. ········· 231
*Claoxylon indicum* (Reinw. ex Bl.) Hassk. ········· 062
*Clausena excavata* Burm. F. ········· 192
*Cleome rutidosperma* DC. ········· 149
*Clerodendrum cyrtophyllum* Turcz. ········· 218
*Clerodendrum inerme* (Linn.) Gaertn. ········· 116
*Coccinia grandis* (L.) Voigt ········· 158
*Cocos nucifera* L. ········· 124
*Coix lacryma-jobi* L. ········· 139
*Colubrina asiatica* (L.) Brongn. ········· 081
*Combretum sundaicum* Miquel ········· 054
*Commelina diffusa* N. L. Burm. ········· 219
*Corchorus aestuans* L. ········· 160
*Crateva trifoliata* (Roxburgh) B. S. Sun ········· 032
*Crinum asiaticum* var. *sinicum* (Roxb. ex Herb.) Baker ········· 123
*Crotalaria ochroleuca* G. Don ········· 177
*Crotalaria pallida* Ait. ········· 177
*Crotalaria retusa* L. ········· 177
*Crotalaria trichotoma* Bojer ········· 178
*Crotalaria uncinella* Lamk. ········· 178
*Croton crassifolius* Geisel. ········· 166
*Cullen corylifolium* (L.) Medikus ········· 178
*Cuscuta australis* R. Br. ········· 109
*Cyclosorus interruptus* (Willd.) H. Ito ········· 147
*Cynodon dactylon* (L.) Pers. ········· 231
*Cyperus compressus* L. ········· 225
*Cyperus difformis* L. ········· 225

*Cyperus haspan* L. ······ 225
*Cyperus iria* L. ······ 226
*Cyperus malaccensis* subsp. *monophyllus* (Vahl) T. Koyama ······ 021
*Cyperus odoratus* L. ······ 226
*Cyperus pilosus* Vahl ······ 226
*Cyperus radians* Nees et C. A. Mey. ex Nees ······ 126
*Cyperus rotundus* L. ······ 227
*Cyperus stoloniferus* Retz. ······ 127
*Cyperus surinamensis* Rottboll ······ 227

D

*Dactyloctenium aegyptium* (L.) Willd. ······ 231
*Dalbergia candenatensis* (Dennst.) Prainin ······ 073
*Datura metel* L. ······ 209
*Derris trifoliata* Lour. ······ 074
*Desmos chinensis* Lour. ······ 148
*Digitaria ciliaris* (Retz.) Koel. ······ 232
*Dioscorea bulbifera* L. ······ 222
*Diospyros diversilimba* Merr. et Chun ······ 086
*Diplocyclos palmatus* (L.) C. Jeffrey ······ 158
*Dischidanthus urceolatus* (Decne.) Tsiang ······ 198
*Dodonaea viscosa* (L.) Jacq. ······ 084
*Dregea volubilis* (L. f.) Benth. ex Hook. f. ······ 198
*Dunbaria punctata* (Wight et Arn.) Benth. ······ 179
*Dunbaria truncata* (Miquel) Maesen ······ 179
*Dysphania ambrosioides* (L.) Mosyakin et Clemants ······ 152

E

*Echinochloa colona* (L.) Link ······ 232
*Echinochloa crus-galli* (L.) P. Beauv. ······ 232
*Ehretia asperula* Zool. et Mor. ······ 108
*Eichhornia crassipes* (Mart.) Solme ······ 222
*Eleocharis dulcis* (Burm. f.) Trin. ex Hensch. ······ 128
*Eleocharis geniculata* (L.) Roemer et Schultes ······ 129
*Eleocharis retroflexa* (Poiret) Urban ······ 130
*Eleocharis spiralis* (Rottboll) Roemer et Schultes 131
*Elephantopus scaber* L. ······ 204
*Eleusine indica* (L.) Gaertn. ······ 233
*Emilia sonchifolia* (L.) DC. ······ 205
*Eragrostis atrovirens* (Desf.) Trin. ex Steud. ······ 233
*Eragrostis brownii* (Kunth) Nees ······ 233
*Eragrostis tenella* (L.) Beauv. ex Roem. et Schult. ······ 234
*Erechtites hieraciifolius* (L.) Raf. ex DC. Rafinesque ex Candolle ······ 205
*Eremochloa ophiuroides* (Munro) Hack. ······ 234
*Erigeron bonariensis* L. ······ 205
*Erigeron canadensis* L. ······ 206
*Erigeron sumatrensis* Retz. ······ 206
*Eriochloa procera* (Retz.) C. E. Hubb. ······ 234
*Eulophia graminea* Lindl. ······ 223
*Euphorbia bifida* Hook. et Arn. ······ 063
*Euphorbia cyathophora* Murr. ······ 167
*Euphorbia heterophylla* L. ······ 167
*Euphorbia hirta* L. ······ 167
*Euphorbia serpens* H. B. K. ······ 064
*Euphorbia thymifolia* L. ······ 168
*Euphorbia tirucalli* L. ······ 065
*Evolvulus alsinoides* (L.) L. ······ 212
*Excoecaria agallocha* L. ······ 013

F

*Ficus benjamina* L. ······ 188
*Ficus pumila* L. ······ 188
*Ficus subpisocarpa* Gagnepain ······ 189
*Ficus tinctoria* subsp. *gibbosa* (Bl.) Corner ······ 189
*Fimbristylis cymosa* (Lam.) R. Br. ······ 132
*Fimbristylis polytrichoides* (Retz.) Vahl ······ 133
*Fimbristylis sericea* (Poir.) R. Br. ······ 134
*Fimbristylis sieboldii* Miq. ······ 135
*Flacourtia indica* (Burm. F.) Merr. ······ 049
*Flagellaria indica* L. ······ 121
*Flueggea virosa* (Roxb. ex Willd.) Voigt ······ 168
*Fuirena ciliaris* (L.) Roxb. ······ 227

## G

*Gisekia pharnaceoides* L. ······ 034
*Glinus oppositifolius* (L.) A. DC. ······ 035
*Glochidion zeylanicum* (Gaerthn.) A. Juss. ······ 168
*Gomphrena celosioides* Mart. ······ 045
*Gossypium hirsutum* L. ······ 059
*Grona heterocarpos* (L.) H. Ohashi et K. Ohashi 179
*Grona heterophylla* (Willd.) H. Ohashi et K. Ohash ······ 180
*Grona rubra* H. Ohashi et K. Ohashi ······ 180
*Grona triflora* (L.) H. Ohashi et K. Ohashi ······ 180
*Gymnanthera oblonga* (N. L. Burman) P. S. Green ······ 092
*Gymnema sylvestre* (Retz.) Schult. ······ 198
*Gymnopetalum scabrum* (Loureiro) W. J. de Wilde et Duyfjes ······ 158
*Gymnosporia diversifolia* Maxim. ······ 079

## H

*Halophila beccarii* Asch. ······ 019
*Halophila ovalis* (R. Br.) Hook. f. ······ 020
*Hedyotis affinis* Roem. et Schult. ······ 199
*Hedyotis auricularia* var. *mina* Ko ······ 200
*Hedyotis corymbosa* (L.) Lam. ······ 200
*Hedyotis diffusa* Willd. ······ 200
*Hedyotis hedyotidea* (DC.) Merr. ······ 201
*Helicteres hirsuta* Lour. ······ 162
*Heliotropium indicum* L. ······ 209
*Heliotropium strigosum* Willd. ······ 209
*Heritiera littoralis* Dryand. ······ 057
*Heteropogon contortus* (L.) P. Beauv. ex Roem. et Schult. ······ 235
*Hewittia malabarica* (L.) Suresh ······ 212
*Hibiscus tiliaceus* L. ······ 060
*Hygrophila ringens* (L.) R. Brown ex Sprengel ······ 114
*Hymenachne amplexicaulis* (Rudge) Nees ······ 235

## I

*Ilex rotunda* Thunb. ······ 190
*Imperata cylindrica* var. *major* (Nees) C. E. Hubbard ······ 235
*Indigofera colutea* (N. L. Burman) Merrill ······ 181
*Indigofera hirsuta* L. ······ 181
*Indigofera linifolia* (L. f.) Retz. ······ 181
*Indigofera linnaei* Ali ······ 182
*Indigofera suffruticosa* Mill. ······ 182
*Iodes vitiginea* (Hance) Hemsl. ······ 191
*Ipomoea aquatica* Forsskal ······ 212
*Ipomoea cairica* (L.) Sweet ······ 213
*Ipomoea imperati* (Vahl) Grisebach ······ 110
*Ipomoea obscura* (L.) Ker Gawl. ······ 213
*Ipomoea pes-caprae* (L.) R. Brown ······ 111
*Ipomoea pes-tigridis* L. ······ 213
*Ipomoea purpurea* Lam. ······ 214
*Ipomoea quamoclit* L. ······ 215
*Ipomoea triloba* L. ······ 214
*Ixeris japonica* (Burm. F.) Nakai ······ 096
*Ixeris repens* (L.) A. Gray ······ 097

## J

*Jacquemontia paniculata* (N. L. Burman) H. Hallier ······ 214
*Jasminum elongatum* (Bergius) Willdenow ······ 196
*Jasminum nervosum* Lour. ······ 197
*Jasminum rehderianum* Kobuski ······ 197
*Jatropha curcas* L. ······ 169
*Jatropha gossypiifolia* L. ······ 169

## K

*Kandelia obovata* Sheue et al. ······ 011
*Kyllinga brevifolia* Rottb. ······ 228

## L

*Lablab purpureus* (L.) Sweet ······ 182

*Lactuca indica* L. ········· 206
*Laguncularia racemosa* C. F. Gaertn. ········· 007
*Lannea coromandelica* (Houtt.) Merr. ········· 085
*Lantana camara* L. ········· 218
*Launaea sarmentosa* (Willd.) Sch. Bip. ex Kuntze ········· 098
*Leersia hexandra* Swartz ········· 236
*Lepidium virginicum* L. ········· 149
*Leucaena leucocephala* (Lam.) de Wit ········· 068
*Leucas zeylanica* (L.) R. Br. ········· 219
*Limnophila erecta* Benth. ········· 216
*Limonium sinense* (Girard) Kuntze ········· 105
*Lindernia antipoda* (L.) Alston ········· 113
*Lindernia crustacea* (L.) F. Muell. ········· 216
*Lindernia tenuifolia* (Colsm.) Alston ········· 217
*Litsea glutinosa* (Lour.) C. B. Rob. ········· 148
*Ludwigia hyssopifolia* (G. Don) exell ········· 156
*Ludwigia octovalvis* (Jacq.) Raven ········· 156
*Lumnitzera racemosa* Willd. ········· 008
*Lygodium flexuosum* (L.) Sw. ········· 146
*Lygodium japonicum* (Thunb.) Sw. ········· 146
*Lygodium microphyllum* (Cav.) R. B. ········· 146

**M**

*Maclura cochinchinensis* (Loureiro) Corner ········· 078
*Macroptilium atropurpureum* (DC.) Urban ········· 183
*Macroptilium lathyroides* (L.) Urban ········· 183
*Mallotus apelta* (Lour.) Muell. Arg. ········· 169
*Mallotus paniculatus* (Lam.) Muell. Arg. ········· 170
*Mallotus repandus* (Willd.) Muell. Arg. ········· 170
*Manilkara hexandra* (Roxb.) Dubard ········· 087
*Melanthera prostrata* (Hemsley) W. L. Wagner et H. Robinson ········· 099
*Melastoma malabathricum* L. ········· 160
*Melia azedarach* L. ········· 194
*Melinis repens* (Willdenow) Zizka ········· 236
*Melochia corchorifolia* L. ········· 162
*Merremia hederacea* (Burm. f.) Hall. f. ········· 215
*Microcos paniculata* L. ········· 161
*Micromelum falcatum* (Lour.) Tan. ········· 193
*Microstachys chamaelea* (L.) Muller Argoviensis 170
*Mikania micrantha* H. B. K. ········· 207
*Mimosa bimucronata* (Candolle) O. Kuntze ········· 174
*Mimosa diplotricha* C. Wright ········· 174
*Mimosa pudica* L. ········· 175
*Miscanthus floridulus* (Lab.) Warb. ex Schum et Laut. ········· 236
*Mitracarpus hirtus* (L.) DC. ········· 201
*Mollugo nudicaulis* Lam. ········· 150
*Mollugo verticillata* L. ········· 150
*Morinda parvifolia* Bartl. ex DC. ········· 201
*Murdannia kainantensis* (Masam.) Hong ········· 220
*Murdannia nudiflora* (L.) Brenan ········· 220
*Murraya alata* Drake ········· 193
*Murraya microphylla* (Merr. et Chun) Swingle ········· 193
*Myrsine linearis* (Loureiro) Poiret ········· 195

**N**

*Nephrolepis cordifolia* (L.) C. Presl ········· 147
*Neyraudia reynaudiana* (kunth.) Keng ········· 237

**O**

*Oenothera drummondii* Hook. ········· 046
*Opuntia dillenii* (Ker Gawl.) Haw. ········· 051
*Oxalis corniculata* L. ········· 156

**P**

*Paederia foetida* L. ········· 202
*Paliurus ramosissimus* (Lour.) Poir. ········· 082
*Pandanus tectorius* Parkinson ex Du Roi ········· 125
*Panicum maximum* Jacq. ········· 237
*Panicum repens* L. ········· 237
*Paspalum conjugatum* Berg. ········· 238
*Paspalum scrobiculatum* var. *orbiculare* (G. Forst.) Hackel ········· 238
*Paspalum vaginatum* Sw. ········· 140

*Passiflora foetida* L. ···· 157
*Pennisetum alopecuroides* (L.) Spreng. ···· 238
*Pennisetum polystachion* (L.) Schultes ···· 239
*Pentacoelium bontioides* Siebold et Zuccarini ···· 115
*Perotis indica* (L.) Kuntze ···· 239
*Phoenix loureiroi* Kunth ···· 223
*Phragmites australis* (Cav.) Trin. ex Steud. ···· 025
*Phragmites karka* (Retz.) Trin ···· 141
*Phyla nodiflora* (L.) Greene ···· 117
*Phyllanthus glaucus* Wall. ex Muell. Arg ···· 171
*Phyllanthus reticulatus* Poir. ···· 171
*Physalis angulata* L. ···· 210
*Pisonia aculeata* L. ···· 157
*Pittosporum pentandrum* var. *formosanum* (Hayata) Z. Y. Zhang et Turland ···· 048
*Pluchea indica* (L.) Less. ···· 100
*Pluchea pteropoda* Hemsl. ···· 101
*Plumbago zeylanica* L. ···· 208
*Polycarpaea corymbosa* (L.) Lamarck ···· 033
*Polygonum perfoliatum* L. ···· 151
*Pongamia pinnata* (L.) Pierre ···· 075
*Portulaca oleracea* L. ···· 151
*Portulaca pilosa* L. ···· 039
*Portulaca quadrifida* L. ···· 040
*Pouzolzia zeylanica* (L.) Benn. ···· 190
*Praxelis clematidea* (Griseb.) R. M. King et H. Rob. ···· 207
*Premna serratifolia* L. ···· 118
*Pueraria montana* var. *lobata* (Willd.) Maesen et S. M. Almeida ex Sanjappa et Predeep ···· 183
*Pueraria phaseoloides* (Roxb.) Benth. ···· 184
*Pycreus polystachyos* (Rottboll) P. Beauvois ···· 228

R

*Rhizophora stylosa* Griff. ···· 012
*Rhodomyrtus tomentosa* (Ait.) Hassk. ···· 159
*Rhynchosia minima* (L.) DC. ···· 184
*Rhynchospora corymbosa* (L.) Britt. ···· 228
*Richardia scabra* L. ···· 093
*Ricinus communis* L. ···· 171
*Rothia indica* (L.) Druce ···· 184
*Rottboellia cochinchinensis* (Loureiro) Clayton ···· 239
*Rubus cochinchinensis* Tratt. ···· 172
*Rubus parvifolius* L. ···· 172
*Rumex trisetifer* Stokes ···· 151

S

*Saccharum arundinaceum* Retz. ···· 240
*Saccharum spontaneum* L. ···· 240
*Sacciolepis indica* (L.) A. Chase ···· 241
*Sageretia thea* (Osbeck) Johnst. ···· 191
*Salacia chinensis* L. ···· 190
*Sarcolobus globosus* Wall. ···· 015
*Sauropus bacciformis* (L.) Airy Shaw ···· 066
*Scaevola hainanensis* Hance ···· 106
*Scaevola taccada* (Gaertner) Roxburgh ···· 107
*Schefflera heptaphylla* (L.) Frodin ···· 195
*Schoenoplectus tabernaemontani* (C. C. Gmelin) Palla ···· 022
*Schoenoplectus triqueter* (L.) Palla ···· 023
*Scolopia chinensis* (Lour.) Clos ···· 050
*Scoparia dulcis* L. ···· 217
*Secamone elliptica* R. Brown ···· 199
*Senna alata* (L.) Roxburgh ···· 185
*Senna occidentalis* (L.) Link ···· 185
*Sesbania cannabina* (Retz.) Poir. ···· 185
*Sesuvium portulacastrum* (L.) L. ···· 036
*Sida acuta* Burm. f. ···· 163
*Sida alnifolia* L. ···· 163
*Sida chinensis* Retz. ···· 163
*Sida cordata* (Burm. F.) Borss. ···· 164
*Sida cordifolia* L. ···· 164
*Sida rhombifolia* L. ···· 164
*Solanum americanum* Miller ···· 210
*Solanum procumbens* Loureiro ···· 210
*Solanum torvum* Swartz ···· 211

*Solanum undatum* Lamarck ··· 211
*Solena heterophylla* Lour. ··· 159
*Sonneratia apetala* Buchanan–Hamilton ··· 006
*Spartina alterniflora* Lois. ··· 026
*Spermacoce alata* Aublet ··· 202
*Spermacoce hispida* L. ··· 094
*Spermacoce remota* Lamarck ··· 202
*Sphagneticola calendulacea* (L.) Pruski ··· 102
*Sphagneticola trilobata* (L.) Pruski ··· 103
*Spinifex littoreus* (Burm. F.) Merr. ··· 142
*Spiranthes sinensis* (Pers.) Ames ··· 224
*Sporobolus fertilis* (Steud.) W. D. Glayt. ··· 241
*Sporobolus virginicus* (L.) Kunth ··· 027
*Stachytarpheta jamaicensis* (L.) Vahl ··· 219
*Streblus asper* Lour. ··· 189
*Strophanthus divaricatus* (Lour.) Hook. et Arn. ··· 197
*Strychnos angustiflora* Benth. ··· 196
*Stylosanthes guianensis* (Aubl.) Sw. ··· 186
*Suaeda australis* (R. Br.) Moq. ··· 004
*Suregada multiflora* (Jussieu) Baillon ··· 067
*Symplocos racemosa* Roxb. ··· 196
*Syzygium odoratum* (Lour.) DC. ··· 052

**T**

*Talinum fruticosum* (L.) Juss. ··· 041
*Tecticornia indica* (Willd.) K. A. Sheph. et Paul G. Wilson ··· 005
*Tephrosia pumila* (Lam.) Pers. ··· 186
*Tephrosia purpurea* (L.) Pers. ··· 186
*Terminalia catappa* L. ··· 055
*Tetragonia tetragonioides* (Pall.) Kuntze ··· 037
*Tetrastigma pachyphyllum* (Hemsl.) Chun ··· 192
*Thespesia populnea* (L.) Soland. ex Corr. ··· 061
*Thunbergia grandiflora* (Rottl. ex Willd .) Roxb. 218
*Tithonia diversifolia* A. Gray ··· 207
*Toxocarpus wightianus* Hook. et Arn. ··· 199
*Triadica sebifera* (L.) Small ··· 172
*Trianthema portulacastrum* L. ··· 038
*Tribulus terrestris* L. ··· 155
*Tridax procumbens* L. ··· 208
*Triumfetta grandidens* Hance ··· 161
*Triumfetta rhomboidea* Jacq. ··· 161
*Typha angustifolia* L. ··· 122

**U**

*Urena lobata* L. ··· 165

**V**

*Vernonia cinerea* (L.) Less. ··· 208
*Vigna marina* (Burm.) Merr. ··· 076
*Vitex rotundifolia* L. f. ··· 119
*Vitex trifolia* L. ··· 120

**W**

*Waltheria indica* L. ··· 058
*Wikstroemia indica* (L.) C. A. Mey. ··· 157
*Wollastonia biflora* (L.) Candolle ··· 104
*Wrightia pubescens* R. Br. ··· 090

**X**

*Xenostegia tridentata* (L.) D. F. Austin et Staples 215
*Xyris complanata* R. Br. ··· 220

**Z**

*Zanthoxylum laetum* Drake ··· 194
*Zehneria japonica* (Thunb.) H.Y. Liu ··· 159
*Zornia gibbosa* Spanog. ··· 187
*Zoysia matrella* (L.) Merr. ··· 143